コンピュータ概論

向井信彦・田村慶信・細野泰彦
共著

未来をひらく情報技術

Ohmsha

はしがき

　近年，日本政府は超スマート社会（Society 5.0）の実現に向けた目標を掲げている．人類社会の始まりは狩猟社会であり，これが Society 1.0 と言われる．人類は狩をすることで食料を調達してきたが，安定的な食の供給はできなかった．そこで，植物を育てることで食料の安定的な供給を満たしてきた．つまり，農耕社会であり，これが Society 2.0 である．その後，イギリスで始まった産業革命により，機械的な動力を利用することで蒸気機関車や自動車を発明し，今まで行けなかった遠くまで行くことができるようになった．つまり，工業社会の始まりであり，これが Society 3.0 である．Society 3.0 までは目に見える形で人類が豊かになる方法を探ってきた．ところが，多くの産業が生まれるにつれ，サービスや金融，そして株価という物理的な商品ではなく，形として目に見えないものが取引されるようになり，通貨の価値や先物取引と言った産業を支える基盤として情報が利用されるようになってきた．いわゆる，情報社会の始まりであり，これが Society 4.0 である．2020 年となった現代では，この情報があらゆる産業の中心として活用されるようになり，農業，漁業，工業，商業など様々な分野で情報を扱わなければ産業して成立しなくなってきている．今後，介護や高所での労働など負担の多い仕事は，AI（Artificial Intelligence）やロボットを活用することで，高齢化社会における労働力不足を解消しようとしている．一方，駅の改札やスーパーマーケットのレジなども自動化され，AI やロボットが人間の仕事を奪うということも懸念されている．Society 5.0 では，AI やロボットをあらゆる産業で活用することで，膨大な情報から必要な情報を抽出し，人類がさらに豊かになる仕組みを作り上げることを目指している．

　このためには，情報を正しく学ぶ必要があり，本書は理工系の大学生向けに情報の基礎から最新技術までを網羅的に学ぶことを目的として執筆している．情報を扱うにはコンピュータが不可欠であり，コンピュータの仕組みを学ぶ必要がある．コ

ンピュータの内部では 0 か 1 のみを扱う 2 進数が用いられており，この 2 進数を基礎としてあらゆる情報を定量的に計算することができる．また，コンピュータを構成するハードウェアやソフトウェアの構成も学ぶ必要があり，本書の前半ではこれらの内容を重視して詳しく解説している．一方で，AI やビッグデータのような最新技術も必要であるため，本書の後半にはこれらの項目も盛り込んでいる．したがって，本書一冊で Society 5.0 に向けた情報技術の基礎を学ぶことができる．ただし，情報をより詳細に学ぶにはさらに専門的な科目が必要であり，例えば，ハードウェアに関しては，計算機アーキテクチャやハードウェア記述言語などが，また，ソフトウェアに関しては，情報理論を始めとして，オペレーティングシステム，ソフトウェア工学，符号理論などが必要である．もちろん，AI やロボットでは人工知能，制御理論，画像認識，音声言語処理などの科目が必要となる．理工系の大学生は高年次においてこれらの専門科目を学ぶカリキュラムとなっているため，本書はその導入科目として活用して頂ければ幸いである．一方，AI やビッグデータを扱うにはデータサイエンスが重要であり，データサイエンスは文系の学生も学ぶ必要があると言われているが，文系の学生には本書だけでデータサイエンスの基礎は充分学習できると思われる．

　また，最新の情報を取り扱うためには英語の文献も参考にする必要があるため，本書ではキーワードとなる単語にはできるだけ英単語を付記し，索引に掲載するようにしている．さらに，各章で学んだ項目には練習問題を掲げ，巻末には略解を示しているため，自学自習にも役立つはずである．本書が多くの大学で活用され，超スマート社会である Society 5.0 の実現に向けた情報教育に役立てられることを期待している．最後に，本書の執筆にあたり，多くのご助言とご支援を頂きました多くの方々に感謝致します．

2020 年 2 月

著者代表（向井）

目次

1章 コンピュータの原理 （細野）

1·1 コンピュータの発明 ・・・・・・・・・・・・・・・・・・・・・・・・・・・・・・・・・・・・・ 001
  1·1·1 計算器とコンピュータ *001*
  1·1·2 情報技術の基本用語 *002*
  1·1·3 初期のコンピュータ *003*
  1·1·4 チューリング機械 *004*

1·2 コンピュータの普及 ・・・・・・・・・・・・・・・・・・・・・・・・・・・・・・・・・・・・ 006
  1·2·1 実用的なコンピュータ *006*
  1·2·2 データの表現 *007*
  1·2·3 コンピュータの情報単位 *007*
  1·2·4 ハードウェアとソフトウェア *008*
  1·2·5 コンピュータの種類 *009*
  1·2·6 1960 年代のコンピュータ *010*

1·3 パーソナルコンピュータの時代 ・・・・・・・・・・・・・・・・・・・・・・・・・・・ 012
  1·3·1 1970 年代のコンピュータ *012*
  1·3·2 1980 年代のコンピュータ *014*
  1·3·3 直感的に使いやすいパーソナルコンピュータ *016*
  1·3·4 UNIX と Linux *017*

1·4 コンピュータの現在と未来 ・・・・・・・・・・・・・・・・・・・・・・・・・・・・・・ 018
  1·4·1 現在のコンピュータ *018*
  1·4·2 ユビキタスコンピューティング *018*
  1·4·3 スマートスピーカー *019*

　　1·4·4　タブレット PC とウェアラブルコンピュータ　*019*
　　1·4·5　コンピュータの進展　*020*
　1·5　コンピュータの構成要素 ·· 021
　　1·5·1　コンピュータの 5 大装置　*021*
　　1·5·2　中央処理装置　*021*
　　1·5·3　主記憶装置　*022*
　　1·5·4　補助記憶装置　*023*
　　1·5·5　入力装置　*025*
　　1·5·6　出力装置　*026*
　1·6　コンピュータの利用技術 ·································· 027
　　1·6·1　情報通信技術　*027*
　　1·6·2　高度情報通信ネットワーク社会　*027*
　　1·6·3　e-Japan と u-Japan　*028*
　　1·6·4　xICT ビジョン　*028*
　　1·6·5　スマート革命　*029*
　　1·6·6　ビッグデータ　*030*
　　1·6·7　IoT　*030*
　　1·6·8　人工知能　*031*
　　1·6·9　Society 5.0　*032*
　■　練習問題 ·· 033

2章　情報の基礎理論　　　　　　　　　　　　　　　（向井）

　2·1　標本化と量子化 ··· 035
　2·2　進数表記 ·· 036
　　2·2·1　2 進数　*036*
　　2·2·2　2 進数の四則演算　*038*
　　2·2·3　符号付き 2 進数　*039*
　　2·2·4　進数の変換　*039*
　　2·2·5　単位の表記　*040*
　2·3　文字列コード ··· 041

2·3·1　JIS コード　*041*

2·3·2　さまざまな文字コード　*042*

2·4　小数表記 ･･････････････････････････････････････ 043

2·4·1　固定小数点数　*043*

2·4·2　浮動小数点数　*043*

2·4·3　浮動小数点数が表す数　*045*

2·5　情報理論 ･･ 046

2·6　情報の圧縮と誤りの検出 ･･････････････････････ 047

2·6·1　情報の符号化　*047*

2·6·2　実用化圧縮方式　*048*

2·6·3　誤り検出と訂正　*049*

2·6·4　2 次元パリティ検査　*049*

2·7　逆ポーランド記法 ･･･････････････････････････････ 050

2·7·1　演算記法　*050*

2·7·2　中値記法から逆ポーランド記法への変換　*051*

2·7·3　逆ポーランド記法から中置記法への変換　*053*

2·8　正規表現とワイルドカード ･･･････････････････ 055

2·8·1　正規表現　*055*

2·8·2　ワイルドカード　*056*

■　**練習問題** ･･ 060

3章 ┃ ハードウェア構成　　　　　　　　　　（向井）

3·1　論理代数 ･･ 061

3·1·1　命題論理　*061*

3·1·2　論理演算と真理値表　*062*

3·1·3　論理演算の図的表現　*062*

3·1·4　論理代数の基本則　*064*

3·2　論理回路 ･･ 064

3·2·1　基本的な論理回路　*064*

3·2·2　ゲート記号　*065*

3·3 スイッチング素子 ・・ 066

3·3·1 真空管 *066*

3·3·2 リレー *067*

3·3·3 バイポーラトランジスタ *067*

3·3·4 ユニポーラトランジスタ *068*

3·3·5 トランジスタを用いた回路設計 *069*

3·4 回路設計 ・・ 071

3·4·1 排他的理論輪の回路 *071*

3·4·2 多数決回路 *072*

3·4·3 加算回路 *073*

3·5 記憶回路 ・・ 076

3·5·1 RS 型フリップフロップ *076*

3·5·2 JK 型フリップフロップ *078*

3·6 メモリの構成 ・・ 080

3·6·1 主記憶とキャッシュ *080*

3·6·2 さまざまな ROM *081*

■ 練習問題 ・・ 082

4章 ソフトウェア構成 （田村）

4·1 OS の役割 ・・・ 083

4·1·1 タスク管理とジョブ管理 *085*

4·1·2 データ管理とファイル管理 *085*

4·1·3 記憶管理 *085*

4·1·4 通信管理 *086*

4·1·5 入出力管理 *086*

4·1·6 プロセス管理 *086*

4·1·7 インタプリタ *087*

4·1·8 コンパイラ *087*

4·1·9 アプリケーションソフトウェア *087*

4·2 アルゴリズム ・・ 087

4·2·1 アルゴリズムの概要 *087*

4·2·2 アルゴリズムの表現 *088*

    1. ユースケース図 *090*

    2. シーケンス図 *090*

    3. アクティビティ図 *091*

    4. クラス図 *091*

4·2·3 アルゴリズムの違い *092*

4·3 プログラミング言語 ‥‥‥‥‥‥‥‥‥‥‥‥‥‥‥‥ 093

4·3·1 コンパイラ方式 *093*

4·3·2 インタプリタ方式 *093*

4·3·3 コンパイラ方式プログラムの実行 *094*

    1. C言語の場合 *094*

    2. Java言語の場合 *094*

4·4 プログラミング ‥‥‥‥‥‥‥‥‥‥‥‥‥‥‥‥‥‥ 095

4·4·1 プログラムの仕組み *095*

4·4·2 Pythonによるプログラム実行例 *095*

4·4·3 Rによるプログラム実行例 *097*

4·4·4 C言語によるプログラム実行例 *097*

4·4·5 ソーティングプログラムの実行例と比較 *098*

4·4·6 さまざまな言語 *101*

4·5 アプリケーション ‥‥‥‥‥‥‥‥‥‥‥‥‥‥‥‥‥ 102

4·6 インターネット ‥‥‥‥‥‥‥‥‥‥‥‥‥‥‥‥‥‥ 103

■ 練習問題 ‥‥‥‥‥‥‥‥‥‥‥‥‥‥‥‥‥‥‥‥‥ 105

5章 ┃ コンピュータシステムと情報セキュリティ　　　（田村）

5·1 システムとしてのコンピュータ ‥‥‥‥‥‥‥‥‥‥‥ 107

5·1·1 さまざまなシステム *108*

5·1·2 コンピュータの特徴と構成 *108*

5·1·3 組込みシステム *110*

    1. 組込みシステムの特徴 *110*

　　　2．組込みシステムの要件　*110*

5·2 データベース ･･･ **111**

　5·2·1 データベースの仕組み　*112*

　　　1．階層型データベース　*112*

　　　2．ネットワーク型データベース　*112*

　　　3．リレーショナルデータベース　*112*

　5·2·2 データベースの種類　*113*

　　　1．PostgreSQL　*113*

　　　2．MySQL　*114*

　5·2·3 データベースの操作　*114*

　　　1．データ型　*115*

　　　2．演算子　*115*

　　　3．演算子の例　*116*

5·3 情報セキュリティ ･･････････････････････････････････････ **117**

　5·3·1 情報セキュリティに関する用語の定義　*117*

　5·3·2 情報セキュリティ対策　*119*

　5·3·3 情報セキュリティ実践の効果　*120*

5·4 情報セキュリティマネジメント ････････････････････････ **121**

　5·4·1 情報セキュリティマネジメントの例　*121*

　5·4·2 情報セキュリティマネジメントの実践　*123*

　■　練習問題 ･･ **127**

6章 知識情報処理 (向井)

6·1 木探索･･･ **129**

　6·1·1 木構造と探索　*129*

　6·1·2 二分木　*130*

　6·1·3 さまざまな木構造　*131*

6·2 パターン認識 ･･ **132**

　6·2·1 特徴ベクトル　*132*

　6·2·2 パターン認識の応用　*133*

6·3 学習アルゴリズム ・・・・・・・・・・・・・・・・・・・・・・・・・・・・・・・・・・・・・・・ **134**

　6·3·1　機械学習　*134*

　6·3·2　AdaBoost　*135*

　6·3·3　線形分離と SVM　*136*

6·4 画像認識 ・・ **137**

　6·4·1　特徴抽出と画像解析　*137*

　6·4·2　指文字の認識　*137*

　6·4·3　顔認識　*140*

6·5 3 次元情報解析 ・・・・・・・・・・・・・・・・・・・・・・・・・・・・・・・・・・・・・・・ **142**

　6·5·1　3 次元情報の取得　*142*

　　　1.　ディジタイザ　*142*

　　　2.　モーションキャプチャ　*142*

　　　3.　レンジファインダ　*143*

　　　4.　光切断法　*144*

　　　5.　両眼視差　*144*

　　　6.　運動視差　*144*

　　　7.　体積画像　*144*

　　6·5·2　3 次元情報の解析　*144*

　　　1.　時空間画像解析　*145*

　　　2.　テクスチャ画像からの 3 次元形状推定　*146*

■　練習問題 ・・ **147**

7章 ┃ 人工知能 　　　　　　　　　　　　　　　　　　　　　（田村）

7·1 人工知能の概要・・ **149**

　7·1·1　人工知能の歴史　*149*

　7·1·2　人工知能の発展　*151*

7·2 ニューラルネットワーク ・・・・・・・・・・・・・・・・・・・・・・・・・・・・・・・・ **152**

　7·2·1　ニューラルネットワークの構造　*152*

　7·2·2　ニューラルネットワークの構成　*153*

7·3 ディープラーニング・・・・・・・・・・・・・・・・・・・・・・・・・・・・・・・・・・・・ **154**

7·4 特徴量とハイパーパラメータ ································· 155

7·5 アルゴリズム ··· 157

   7·5·1 アルゴリズムの種類 *157*

   7·5·2 深層学習におけるツール *158*

7·6 応用事例 ··· 159

   7·6·1 解析結果と比較 *159*

   7·6·2 解析と実践 *160*

7·7 Windows 上での Python 環境構築 ··················· 163

7·8 人工知能の現状と未来 ································· 169

   7·8·1 人工知能の技術展開 *169*

   7·8·2 人工知能による機能領域 *171*

   7·8·3 人工知能の活用 *172*

   7·8·4 人工知能の進化が雇用に与える影響 *173*

   7·8·5 特化型人工知能と汎用型人工知能 *175*

   ■ **練習問題** ··· 177

8章 │ ビッグデータ (田村)

8·1 ビッグデータの定義と種類 ······················· 179

   8·1·1 ビッグデータの概略 *179*

   8·1·2 ビッグデータの定義 *183*

   8·1·3 データを扱う上での注意点 *184*

8·2 著作権と個人情報 ································· 185

   8·2·1 権利の問題 *185*

   8·2·2 ライセンス上の問題 *186*

8·3 データの可視化 ··································· 187

   8·3·1 データ処理の手順 *187*

   8·3·2 データの可視化 *188*

8·4 統計的解析と非統計的解析 (AI) ··················· 191

8·5 ビッグデータを解析できる統計言語 R 環境の構築 ········ 193

8·6 データを扱うための数量化理論 ··················· 198

8·6·1　回帰分析　*198*

8·6·2　判別分析　*201*

8·6·3　因子分析　*202*

■　**練習問題**　・・　204

9章 ┃ マネジメント　　　　　　　　　　　　　　（細野）

9·1　プロジェクトマネジメント　・・・・・・・・・・・・・・・・・・・・・・・・・・・・・・　205

9·1·1　プロジェクトとマネジメント　*205*

9·1·2　プロジェクトと環境　*207*

9·1·3　プロジェクトマネージャ　*208*

9·1·4　プロジェクトマネジメントのプロセス　*209*

9·1·5　プロジェクトマネジメントの実施　*210*

9·2　企業活動　・・　212

9·2·1　企業理念と社会的責任　*212*

　　　1.　企業理念　*213*

　　　2.　企業の社会的責任　*213*

9·2·2　企業の発展と行動　*214*

　　　1.　持続可能な発展　*214*

　　　2.　国際行動規範　*214*

　　　3.　グリーン IT　*214*

9·2·3　ガバナンスと事業継続計画　*215*

　　　1.　コーポレートガバナンス　*215*

　　　2.　事業継続計画　*215*

　　　3.　インベスターリレーションズ　*216*

9·3　経営戦略マネジメント　・・・・・・・・・・・・・・・・・・・・・・・・・・・・・・　216

9·3·1　SWOT 分析による経営戦略　*216*

9·3·2　コーポレートアイデンティティ　*218*

9·4　マネジメントシステム　・・・・・・・・・・・・・・・・・・・・・・・・・・・・・・・・　219

9·4·1　ISO マネジメントシステム　*219*

9·4·2　マネジメントシステムの考え方　*220*

9·4·3 品質マネジメントの7原則　*222*

　　　1. リーダシップ　*222*

　　　2. 顧客重視　*222*

　　　3. 人々の積極的参加　*222*

　　　4. プロセスアプローチ　*223*

　　　5. 改善　*223*

　　　6. 客観的事実に基づく意思決定　*223*

　　　7. 関係性管理　*223*

9·4·4 サプライチェーン・マネジメント　*224*

9·4·5 キャッシュフローマネジメントと財務3表　*226*

　　　1. キャッシュフロー計算書　*227*

　　　2. 損益計算書　*227*

　　　3. 貸借対照表　*228*

9·5 情報セキュリティ管理策 ･････････････････････････････････ *229*

9·5·1 情報セキュリティリスクに対する考え方　*229*

9·5·2 方針に関する情報セキュリティ管理策　*230*

9·5·3 組織に関する情報セキュリティ管理策　*230*

9·5·4 モバイル機器に関する情報セキュリティ管理策　*231*

■　練習問題 ･･ *233*

付録　*234*

参考文献　*237*

練習問題略解　*239*

索引　*247*

01

コンピュータの原理

本章は，コンピュータとは何か，その原理は何かについて，まず，コンピュータがどのように発明され，どのように進歩してきたかの歴史を概観する．次いで，高価で大規模な大型計算機の時代から，個人が自由に利用できるパーソナルコンピュータの時代への変化について概説する．そしてコンピュータの構成要素とその発展について解説し，ハードウェアの進歩とともに，その利用技術の展開について述べる．

このようにコンピュータの発達の歴史は，多くの人々がそれぞれ抱いた夢を実現したいという熱意と努力によって刻まれてきたことを理解する．コンピュータが広範囲に使用されている現代において，今後，コンピュータをどのように活用していきたいか，新しい利用技術はどのように創造していけばよいかについて学び，考えよう．

1·1 | コンピュータの発明

1·1·1 計算器とコンピュータ

人類は，数を計算する道具として，アジアを中心に四則演算に利用されるソロバン（算盤：図 1·1）や，対数の原理を応用して三角関数，対数，平方根などの概数が求められる計算尺（図 1·2）を利用してきた．

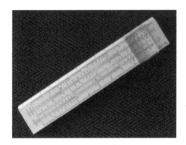

図 1·2　計算尺
〔提供：ヘンミ計算尺（株）〕

図 1·1　ソロバン（提供：雲州堂）

コンピュータ（Computer）は，計算機ともいわれ，**計算器**（Calculator）とは区別されている．両者はいずれも「計算する機械」であるが，「電卓」と呼ばれる計算器は，とくに算術演算に適し，操作者の頻繁な介入を必要とする小型の計算機である（図1·3）．

図1·3 電卓
〔提供：カシオ計算機（株）〕

コンピュータは，その実行中に操作者が介入することなく，多くの算術演算や論理演算を含む複雑で膨大な計算を行うことができるデータ処理装置を指している．さらに，コンピュータの発展とともに，関数計算に特化した関数電卓や複雑な計算過程をプログラムとして格納できるプログラム電卓（図1·4）が利用されてきた．これもコンピュータの仲間といえる．

JIS X 0001「情報処理用語 − 基本用語」では，計算機（コンピュータ）とは，算術演算および論理演算を含む大量の計算を，人手の介入なしに遂行することができる機能単位と定義している．情報処理の分野では，計算機は，**デジタル計算機**（Digital

図1·4 プログラム電卓
〔提供：カシオ計算機（株）〕

computer）を指している．デジタル計算機とは，内部的に記憶されたプログラムによって制御される計算機であり，プログラムの全体または一部分と，その実行に必要なデータのために，共通の記憶装置を使用でき，プログラムを実行してデジタルに表現された離散的データについて算術演算や論理演算などの操作を行い，実行後に以前の内容を変更するプログラムを実行できるものといえる[1]．なお，JIS規格（日本産業規格）の用語では，デジタルをディジタルと表記している．

1·1·2 情報技術の基本用語

コンピュータによる情報技術を学ぶための基本的な用語と，その意味を明確にしておこう[1]．

情報（Information）とは，事実，事象，事物，過程，着想などの対象物に関して知り得たことを指し，概念も含まれ，文脈の中で特定の意味をもつものである．**データ**（Data）とは，情報の表現であり，伝達，解釈，処理などに適するよ

うに形式化され，再び情報として解釈できるものである．**情報処理**（Information processing）とは，情報に対して行われるデータ処理などの操作の体系的な実施であり，データ通信やオフィスオートメーションなどの操作も情報処理の一部である．**データ処理**（Data processing）とは，データに対して行われる操作の体系的な実施を意味している．コンピュータで扱うデータは，一般的にデジタルデータであり，データについて行う操作には，データに対して算術演算や論理演算をしたり，データの併合や整列があるほか，後述するプログラムに対してアセンブルやコンパイル，さらにテキストデータに対する編集，分類，併合，記憶，検索，表示，印字などの操作がある．

プログラム（Program：Computer program）とは，アルゴリズムの記述に適した人工言語の規則にしたがって書かれた構文であり，何かの機能，仕事の遂行，問題解決などの処理のために必要な宣言，文，命令で構成される一連の処理手順である．このプログラムを設計し，記述し，修正し，試験することを**プログラミング**（Programming）という．**アルゴリズム**（Algorithm）とは，問題を解くために定義した規則を順序よく配列した処理手順の集合体であり，**算法**ともよばれる．

情報化（Computerization）という言葉は，コンピュータを使用して自動的に処理する意味で使われている．また，情報化を同じ意味として**機械化**という場合がある．

情報という用語が頻繁に使われるようになったのは，20世紀になり，コンピュータが発明された以後といえる．人類は長い間，河川の水の流れや動物，人間など自然界にある力を利用してきたが，18世紀後半に発明された蒸気機関や電気エネルギーなどを利用した技術革新によって，人類の生産力は大きく向上した．この新エネルギーの活用による飛躍的な経済発展は，産業革命と呼ばれている．20世紀にコンピュータが発明されると，コンピュータを多方面で活用する情報処理の力は，18世紀のエネルギー革命と同様に，人類に多大な影響と効果をもたらし，情報革命といわれる大規模な人類の活動の原動力となっている．

1・1・3 初期のコンピュータ

世界で最初に発明された実用的な汎用コンピュータは，1940年代後半に，ペンシルバニア大学のJ. P. EckertとJ. Maucklyが開発した**ENIAC**（Electronic Numerical Integrator and Computer）と呼ばれる電子計算機である（図**1・5**）．

ENIACは，第2次世界大戦中に米国陸軍の資金援助を受けて，砲撃射表を作成するための弾道計算用に使用された汎用コンピュータである．この最初のコン

ピュータは，約18,000本もの
真空管が使われ，プログラミ
ングは，電線を手作業で差し
替えて設定する装置であった．
ENIACは，記憶容量が小さく，
プログラミングに手間がかかる
ことが欠点ではあったが，10
進法で加減算機能と条件分岐機
能もあり，汎用的な計算が行え
る計算機であった．

図1·5 ENIAC

　ENIACの開発に携わった設計者らは，近代
数学史に名を残したJ. von Neumann（図1·6）
の参加を得て，EDVAC（Electronic Discrete
Variable Automatic Computer）という計算機を
開発した（図1·7）．

　EDVACは，2進法を使用して，プログラミン
グ方法を改善したプログラムを数値として格納す
るプログラム内蔵式の汎用コンピュータである．
von Neumannは，1945年に「EDVACに関する
報告書の第一草稿」という報告書を提出し，プロ
グラム内蔵方式の概念を使用したコンピュータの
論理設計をあきらかにした．そのため，今日のコ
ンピュータの基本となるプログラム内蔵方式の
計算機は，**ノイマン型コンピュータ**（Neumann
Computer）とも呼ばれている[2,3]．

図1·6 J. von Neumann

1·1·4 チューリング機械

　第2次世界大戦中に，イギリスではドイツの暗
号解読のための電子計算機が製作されていた．ロ
ンドンから遠く離れたブレッチリー・パークに，

図1·7 EDVAC

政府暗号学校が置かれ，A. M. Turingもメンバーであったチームは，1943年に
Colossusという暗号解読専用の計算機を製作したが，1970年代まで機密が保持さ

れていた．これらのように，最初のコンピュータは，軍事的な目的で発明された．

　A. M. Turing は，イギリスの数学者で，第2次世界大戦中に難解であったドイツ
の**エニグマ暗号機**（Enigma machine）の解読で有名であるが，**チューリング機械**
（Turing machine）と呼ばれる数学モデルを 1936 年に発表した．チューリング機
械は，左右に無限に伸びるテープを見る部分，有限制御部，およびテープ上の記号
を読み書きするヘッドから構成される．ヘッドの位置にあるテープ上のマス目に書
かれた記号を読取り，この記号と有限制御部の内部状態に依存して，このマス目の
記号を書き換え，ヘッドを右か左に1コマ移動させ，内部状態を遷移させる．離散
的な時刻ごとに，このような動作の規則を定めることによって，いろいろな計算を
チューリング機械に実行させることができると主張した．

　この主張は，計算可能性の概念の定義と解釈され，その適切性は広く認めら
れ，今日では現実のコンピュータの動作も，結局このチューリング機械の原理に
したがっていると考えられる．なお，A. M. Turing の名に由来する ACM チュー
リング賞は，計算機科学の分野で革新的な功績を残した人物に年に1度，ACM
（Association for Computing Machinery）学会から贈られる賞であり，世界最高の
権威をもつ賞である．

　最初の商用コンピュータは，J. P. Eckert と J. Mauckly が設立した Eckert-
Mauckly Computer 社が 1949 年に製作した Northrop 社向けのコンピュータであ
る．Eckert-Mauckly Computer 社は経営困難になり，同社を買収した Remington
-Rand 社から 1951 年に **UNIVAC I**（Universal Automatic Computer 1）が最初の
商用目的の汎用コンピュータとして発売された（図**1・8**）．

　UNIVAC I は，約 160 万ドルから 25 万ドルの価格で販売され，全部で 48 セッ
トが製造され，成功を収めた．この
コンピュータは，1952 年の大統領
選挙の結果を予測したコンピュータ
としても知られている．開票の早
い段階で大方の予想に反して D. D.
Eisenhower の当選を正しく予測し
たが，予測結果の放送は差し止めら
れた．それは，選挙の専門家たちが
早い段階での予測結果を信じられな
かったからである．

図 1・8　UNIVAC I

1·2 | コンピュータの普及

1·2·1 実用的なコンピュータ

　1954 年に富士通信機製造（現，富士通）は，日本初の実用リレー式自動計算機，**FACOM 100** を完成させ，有効桁 8 桁の数値を，加減算 0.35 秒，乗算 1.8 秒，除算 5.0 秒で行う電動計算機を開発した．1954 年当時，東京大学の大学院生であった後藤英一は，パラメトロンと名付けられた新しい論理回路素子を発明した．これは，フェライトコアの磁性のパラメータ励振現象を利用した素子である．1956 年には，日本電信電話公社がわが国最初の**パラメトロン計算機** MUSASINO-1 号を完成させた．

　その後，日本電子測器，日立製作所，日本電気，沖電気，富士通，三菱電機，光電製作所などで相次いでパラメトロン計算機が生産された．パラメトロン計算機は，海外で主流となっていたトランジスタ方式に比べ，消費電力が大きく，動作速度が遅いなどの欠点があったため，商用コンピュータも生産されたが，3 年間程で採用されなくなった．1959 年に，わが国のトランジスタ式コンピュータは，東芝が TOSBAC-2100 を，松下電器（現，パナソニック）が MADIC-I を，日立が HITAC 301 を，日本電気が NEAC-2203 をそれぞれ開発した．

　また，電気試験所は，1959 年に**英日翻訳専用機**，やまとが製作され，「I like music」とパンチした紙テープを入力すると，「ワレガ　オンガクヲ　コノム」とプリンタに出力することができるようになった．このように，1950 年代はコンピュータの黎明期であるが，アメリカをはじめ世界の各国で多種多様なコンピュータが開発され，生産され，実用化されていった．

　パンチカードによるデータ処理機を製造していた IBM 社（International Business Machines Corporation）は，1950 年に本格的なコンピュータの開発に着手し，IBM 社の最初の計算機である IBM701 は 1952 年に出荷された．初期の機種は，性能や機能において UNIVAC I に後れを取っていたが，開発と改良を重ねて，1964 年に System/360 を発表し，コンピュータ業界で確固とした地位を築いた．この System/360 は，コンピュータの歴史においても重要なコンピュータで，アーキテクチャの抽象化という概念を現実の System/360 シリーズの製品群に展開し，小型から大型まですべてにおいて同じ命令セットが動作し，共通の標準を設定して，プログラムや周辺機器の互換性が実現された．

　各製品は，主記憶へのアドレ
スをバイト単位とし，4バイトを
1ワードと標準化し，科学技術計
算用と事務処理用の命令セットを
統合して，ハイエンドからローエ
ンドまでの製品群に同じ命令セッ
トのアーキテクチャが適用され
た．System/360で示されたコン
ピュータのアーキテクチャは，初
期のメインフレームと呼ばれる大

図1·9　System/360 Model 91

型汎用計算機の時代から，ミニコンピュータという中規模の計算機の時代を経て，
マイクロプロセッサーを使用したマイクロコンピュータ（マイコン）へと今日でも
共通の標準として確立されている．IBM社のSystem/360とその後継機種は，他
社のコンピュータを圧倒して，メインフレーム市場を支配することになった（図
1·9）．

1·2·2　データの表現

　バイト（Byte）とは，1文字を表現する
単位として使われるビットの列で，通常1
バイトは8ビットである．ここに，**ビット**
（Bit：Binary digit）は，2進数字であり，
2進記数法の0または1のいずれかの数字
を意味している．情報処理における**文字**
（Character）とは，表**1·1**のように分類さ
れるデータの表現を指している．

表1·1　文字の分類

文字	図形文字	数字
		英字
		表意文字（漢字など）
		仮名
		特殊文字
	制御文字	伝送制御文字
		書式制御文字
		コード拡張文字
		装置制御文字

1·2·3　コンピュータの情報単位

コンピュータを動かすデータの最も基本となる単位は，**ビット**と**バイト**である．

① **ビット**　コンピュータで扱う情報の最小単位．具体的には電圧の低/高，あ
　るいは光の点/滅などによって，0と1の2進数で表される．

② **バイト**　コンピュータで処理する情報量の単位．ビットが8個集まった情報

量（8 ビット）を 1 バイト（1B）という．1 バイトでは $2^8 = 256$ 通りの情報が表現できる．記憶装置の記憶容量や，ファイルの大きさを表す場合に利用される．

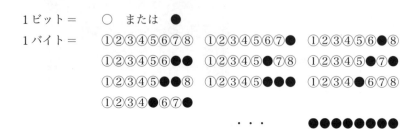

バイトの単位は，表 1・2 のように表される．

表 1・2　バイトの単位

No.	単位	名称	値
1	KB	キロバイト	2 の 10 乗 ＝ 1,024 バイト
2	MB	メガバイト	2 の 20 乗 ＝ 1,048,576 バイト
3	GB	ギガバイト	2 の 30 乗 ＝ 1,073,741,824 バイト
4	TB	テラバイト	2 の 40 乗 ＝ 1,099,511,627,776 バイト
5	PB	ペタバイト	2 の 50 乗
6	EB	エクサバイト	2 の 60 乗
7	ZB	ゼタバイト	2 の 70 乗
8	YB	ヨタバイト	2 の 80 乗

なお 1 KB を 1,024 バイトでなく，1,000 バイトとする場合がある．その場合，MB や GB バイトなども同様である．

情報の量について興味ある指摘が，アメリカ研究者の Roy Williams によって巻末の付録のように説明されている[4]．

1・2・4　ハードウェアとソフトウェア

計算機アーキテクチャ（コンピュータアーキテクチャ：Computer architecture）とは，計算機の論理構造と機能特性を指し，ハードウェアとソフトウェアの構成要素間の相互関係も含まれるコンピュータの骨格の意味である．ハードウェア

（Hardware）とは，情報処理システムの物理的な構成要素であり，計算機や周辺機器を指している．**ソフトウェア**（Software）は，コンピュータシステムのハードウェアを有効に活用して，効率的に業務を処理するためのプログラム，手続き，規則，データおよび関連する文書の集合体を指している[2]．

ソフトウェアは，大別するとハードウェアに働きかける**システムソフトウェア**（System software）と，ユーザに接する**応用ソフトウェア**（Application software）に分類される．図 **1·10** のように，システムソフトウェアは，**基本ソフトウェア**（OS：Operating system，**オペレーティングシステム**ともいう）と**ミドルウェア**（Middleware）で構成される．

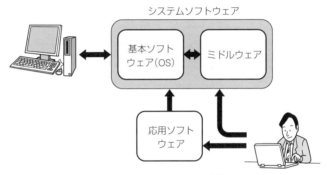

図1·10 ソフトウェアの種類

OS は，CPU とその計算機の構造や性能に基づいて，ハードウェアの直接的な管理や制御の機能と多くのソフトウェアが共通に利用する基本機能を実装したシステム全体を統括するソフトウェアである．ミドルウェアは，OS と応用ソフトウェアの中間にあり，多くの応用ソフトウェアが共通して利用する特定の目的を実現するためのまとまった機能を提供するソフトウェアである．

応用ソフトウェアは，ユーザがコンピュータを利用する目的に応じて開発されたソフトウェアであり，文書の編集・作成ソフトウェアや表計算ソフトウェア，電子メールの表示・作成・送受信ソフトウェア，ゲームソフトウェアなどがある．応用ソフトウェアは，**アプリケーションソフトウェア**ともいい，また単に**アプリ**と略されることもある．

1·2·5 コンピュータの種類

メインフレーム（Mainframe）とは，通常，計算センタ内に設置される大型の計

算機で，広範囲の能力と大規模な資源をもち，他の計算機を接続してその資源を共用する中心となる計算機である．**マイクロコンピュータ**（Microcomputer）は，記憶装置と入出力装置をもち，処理装置が1つ以上のマイクロプロセッサで構成されるデジタル計算機である．**マイクロプロセッサ**（micro processar）とは，1個または数個の集積回路にその要素が集約されている処理機構である．**ミニコンピュータ**（Minicomputer）とは，機能的にみてマイクロコンピュータとメインフレームの中間にあるデジタル計算機といえる．

パーソナルコンピュータ（Personal computer）は，**PC**や**パソコン**と略され，個人が単独で使用することを主な目的にしたマイクロコンピュータである．**ラップトップコンピュータ**（Laptop computer）とは，人間のひざに乗せて操作できる程度に小型で軽量のバッテリー式ポータブルコンピュータである．**スーパーコンピュータ**（Supercomputer）は，科学的や工学的な問題を解くための計算機で，その時点で最高レベルの処理速度をもつ計算機ある．

1・2・6 1960年代のコンピュータ

1960年代に登場したDEC社（Digital Equipment Corporation）は，最初の商用ミニコンピュータであるPDP-8を発表した．PDP-8は，ワード長が12ビットで，トランジスタを使った小さな卓上型の筐体で，基本構成は約1万8千ドルとメインフレームに比べれば，はるかに安価であった．DEC社のPDP-8は，およそ1500台生産され，2年間でミニコンピュータ市場をほぼ独占した（図**1・11**）．

DEC社は，その後，2つのCPUをもつLINC-8や1ワードを36ビットとしてより精密な計算ができるPDP-10シリーズ，1970～1980年代に販売された16ビットのPDP-11シリーズなどを開発し，コンピュータの一般への普及は大幅に拡大された．とくに，PDP-11シリーズのLSI-11というミニコンピュータは，**大規模集積回路**（LSI）を使用した最初コンピュータである．**LSI**（Large-Scale Integrated circuit）とは，チップ当たりに多数の部品を集積化した集積回路であり，LSIの本来の意味は，大規模集積化（Large Scale Interation）を意味している．

図1・11 PDP-8

CPU（Central Processing Unit）とは，**中央処理装置**，または単に処理装置と呼ばれ，1つ以上の処理機構と内部記憶装置で構成されるコンピュータの中枢となる機能をもつ装置である．**処理機構**（Processor）は，**プロセッサ**ともいわれ，計算機の中で命令を解釈し，実行する機能をもつ装置である．これは，1つ以上の命令制御装置と算術論理演算装置で構成されている．**記憶装置**（Storage, Storage device）は記憶機構ともいわれ，データを格納し，保持し，取り出すことができる機能がある装置を指している．**メモリ**（Memory）とは，処理装置と内部記憶装置において，命令を実行するために使用し，アドレスが付けられる記憶空間の全体を指している．

コンピュータの小型化への動きとは対照的に最も高性能なコンピュータとして，1963年に最初の**スーパーコンピュータ**は，S. R. Cray によって CDC 社（Control Data Corporation）から発表された CDC 6600 である．CDC 6600 は，10 基の CPU をもつ計算機で，当時の市場に存在するコンピュータと比較して，10 倍以上の性能があった．

その後, S. R. Cray は Cray Research 社を設立し，1976年に Cray-1 というスーパーコンピュータを発表している（図 1·12）．このスーパーコンピュータは，当時の世界最速であり，最も高価であったが，科学技術計算の分野ではコスト対性能比に優れていた．

図 1·12　Cray-1

1965年には，富士通，沖電気，日本電気の3社共同開発による大型コンピュータ，**FONTAC**（Fujitsu Oki Nippondenki Triple Allied Computer）が完成し，IBM 社などの海外の計算機に対抗するコンピュータが開発されたが，科学技術計算用のシステムを目標としたため，事務処理用への考慮は十分でなかった．

1·3 | パーソナルコンピュータの時代

1·3·1 1970年代のコンピュータ

1970年代は，大型から小型まで，多種のコンピュータがさかんに発表されていったコンピュータの歴史にとって画期的な時代であった．1974年にMITS（Micro Instrumentation and Telemetry Systems）社は，**Altair 8800**という世界初のパーソナルコンピュータを開発し，組立キットと完成品を販売したが，市場の需要に応えられる量産体制ができず，また部品の不具合も発生したため，経営上は失敗であった．Altair 8800は，回路図や部品表が公開され，流通し始めたマイクロプロセッサを採用し，LSIを使用した周辺装置と組み合わせれば，個人でもコンピュータが使える契機をつくった．なお，後にMicrosoft社を設立するW. H. Gates IIIとP. G. Allenは，Altair 8800上で動作する最初のBASICインタプリタを開発している．

BASIC（Beginners' All-purpose Symbolic Instruction Code）とは，1964年にJ. G. KemenyとT. E. Kurtzによって考案されたプログラミングの入門用や教育用に広く利用されたプログラミング言語の1つである．コンピュータを動かすためには，特定の計算機が受け取れる機械命令だけで構成される人工言語を**機械語**（Machine language）または**機械言語**で指示する必要がある．コンピュータに行わせる処理を人間がこの機械語を使って，表現することは，非常に煩雑な作業になる．そこで，機械語と人間が書きやすい表現の橋渡しをするための言語がプログラム言語である．

BASICは，**高水準言語**といわれる人間が分かり易い文法で構成されたプログラム言語の1つである．高水準言語で表されたプログラムのひとまとまりを，機械語などコンピュータに命令できる言語に翻訳することを**コンパイル**（compile）するという．これに対して，プログラムの1行の文，または構成要素を1つずつ解析し，翻訳し，実行することを**解釈実行する**（interpret）といい，その目的で作られた言語を**インタプリタ**（Interpreter）型言語という．BASICインタプリタは，プログラムを作成した後に，これを実行する段階で1行ごとに解釈実行するので，プログラムの誤記やミスがあれば，その個所を特定しやすいメリットがある．

1977年にS. P. JobsとS. G. Wozniakらは，Apple社（Apple Computer, Inc.）を設立し，**Apple II**というパーソナルコンピュータを開発した．Apple IIは，世

界で初めて個人向けに大量に生産・販売され，価格は約 1,300 ドルと安く，信頼性の高いパーソナルコンピュータ業界の標準となるモデルであった（図 **1·13**）．なお，1 ドルが 240 円の当時，日本で発売された Apple II j – plus は，約 70 万円であった．

図 **1·13　Apple** II

Apple II の本体には，キーボードや電源装置が一体化され，カラー表示が可能な外部モニタを接続するだけでコンピュータとして使用できた．1978 年に専用の外部記憶装置として，フロッピーディスクドライブが用意され，また 1979 年に専用の表計算ソフトの VisiCalc が発表され，1980 年には 10 万台，1984 年には 200 万台以上と，1993 年に製造が終了するまでに 500 万台以上が生産され，Apple 社に，莫大な利益をもたらした．

Apple II の特徴は，CPU，メモリ，キーボード，画像出力装置，音声出力装置，外部記憶装置とのインタフェース，プログラム用言語などを 1 つのパッケージとして内蔵した最初のオールインワン型のコンピュータ製品であったことにある．Apple II は，画像出力として NTSC ビデオ出力によって，家庭用テレビにカラー表示することが可能であった．Apple II の CPU には，MOS Technology 社の 6502 という当時最新のマイクロプロセッサを 1.023 MHz で動作させ，RAM は 4 KB で，プログラムのロードとデータの保存にはオーディオ用のカセットテープが使われた．8 KB の ROM には，Integer BASIC というプログラミング言語が内蔵されていた．Integer BASIC は，S. Wozniak によって作成された Apple I や II のための会話型の BASIC インタプリタである．

RAM（Random Access Memory）は，読取り書込み記憶装置ともいわれ，データの書込みと読取りができる記憶装置である．**ROM**（Read-only memory）は，読取り専用記憶装置，固定記憶装置とも呼ばれ，通常の状態でデータの読取りだけができる記憶装置である．

インタフェース（Interface）とは，2 つの機能単位の間で共有される境界部分であり，両者の機能を橋渡しするための特性，物理的な相互接続のための特性，信号を交換するための特性などを指している．

1970年代に欧米では，タイプライターから進化した**ワードプロセッサ**が広く利用され，日本語を使用できるワードプロセッサが求められていた．1978年に東芝は，文節指定入力によるかな漢字変換を実現した初めての**日本語ワードプロセッサ**JW-10を開発した．これは，ハードウェアとして東芝製ミニコンピュータ，TOSBAC-40Lを使用していた．その後1980年代は，沖電気，シャープ，富士通，日本電気，日立製作所など各社から日本語ワードプロセッサがコンピュータを基礎として，次々に発表されていった．

1979年に日本電気は，**PC-8001**というパーソナルコンピュータを発表し，ハードウェアとソフトウェアともに高い機能と完成度をもつ日本の代表的なパーソナルコンピュータが普及した（図**1・14**）．

図1・14　NEC PC-8001

1・3・2　1980年代のコンピュータ

1981年にIBM社は，IBM Personal Computer（IBM PC）というパーソナルコンピュータを発表し，たちまちベストセラーとなった（図**1・15**）．大型計算機では，メーカ独自のプロセッサやソフトウェアを搭載して構成するのが通常であったが，**IBM PC**では，一般に入手可能な市販部品を多用し，ソフトウェアも外部の企業から調達された．IBM PCのCPUは，Intel社の8088という16ビットのマイクロプロセッサで，外部データバスを8ビットに，16 KB ～ 256 KBのメモリを搭載し，4.77 MHzで動作した．**外部データバス**とは，CPUと外部メモリ装置との入出力データを転送するために使われる伝送路であり，1回に伝送できるデータ量をバス幅といい，ビット単位で表される．このパーソナルコンピュータの外部記憶装置は，フロッピーディスクで，ROMにMicrosoft

図1・15　IBM PC 5150

社の Microsoft GW-BASIC が内蔵された.

1982 年に日本電気は 16 ビット PC, **PC-9800** を初代機とするパーソナルコンピュータを発売し, デスクトップ型, オールインワン型, ラップトップ型, ノート型などの多くの機種に発展させ, 1990 年代まで, わが国で最も普及した PC シリーズである. PC-9800 シリーズには, 自社開発の N88-BASIC を ROM に搭載され, 同社の日本語入力システムが付属し, MS-DOS を始め, 多くの OS が移植されて稼働した.

IBM PC は, その後, 各種の拡張や改良を行った機種を発表し, 1984 年に IBM PC AT というパーソナルコンピュータを発売した. IBM PC AT は, CPU に Intel 社の 80286 と, 256 KB ～ 16 MB のメモリを搭載し, 外部記憶装置として, 20 MB の HDD (Hard disk drive) と略記される磁気ディスクを高速回転させ, 磁気ヘッドを移動して, データを記録し, 読出する補助記憶装置が利用可能なコンピュータである. IBM PC AT の OS には, IBM BASIC, PC DOS, OS/2 が利用されている. これらの中で PC DOS は, Microsoft 社が IBM へ OEM 供給した DOS で, Microsoft 社はこれを IBM PC やそれに似た構成のパーソナルコンピュータ向けの OS として一般化して, MS-DOS を開発して販売した.

IBM PC AT は, 拡張性が考慮されたコンピュータで, 技術仕様が公開され, 種々の拡張カード, 周辺機器, ソフトウェアなどを開発・販売するサードパーティが増えるとともに, IBM PC のコンピュータアーキテクチャに準拠した各社の IBM PC AT 互換機を意味する **PC/AT 互換機**が多数, 生産されるようになった.

サードパーティとは, オリジナル製品を開発・販売している企業以外で, それと互換性や関連性のある製品を開発・販売する企業を指し, コンピュータ業界では多くのサードパーティがある. そのため, IBM PC AT は, パーソナルコンピュータのディファクトスタンダードとなり, その OS として MS-DOS も圧倒的な市場占有率を獲得し, 広く使用されるようになった. **MS-DOS** (Microsoft Disk Operating System) は, Microsoft 社が Intel 社の 8086 系 16 ビット CPU で動作するシングルタスク (一度に 1 つのプログラムしか実行できない形式) の OS で, 表示や操作を文字の入出力で行う CUI を基本としている.

1990 年に日本 IBM 社は, PC/AT 互換機上で稼働する OS, DOS/V を発表し, PC/AT 互換機が普及する契機となった. そのため, 日本では PC/AT 互換機を DOS/V 機と呼ぶことがある.

1・3・3 直感的に使いやすいパーソナルコンピュータ

1983 年に Apple 社は，**マウス**（Mouse）を使用する当時としては先進的な GUI（後述）をもつ 16 ビットのパーソナルコンピュータ Lisa を発売した．マウスは，入力機器の 1 つであるポインティングデバイスであり，画面上に表示されるポインタやアイコンを操作するために用いられる．**アイコン**（Icon）は**ピクトグラム**（Pictogram）または**図像**とも呼ばれ，画面上に表示される図記号であり，特定の機能やソフトウェアの適用業務を選択するために，利用者がマウスなどの装置を使用して指し示すことができる図画像である．マウスは，1960 年代に D. C. Engelbart によって発明されたもので，マンマシンインタフェース（Man machine interface）に関する研究の中から提案された．

Apple 社は，Lisa と並行して開発していた **Macintosh** という直感的に使いやすいパーソナルコンピュータを 1984 年に発売した（図 **1・16**）．Macintosh は，低価格でありながらコンピュータグラフィックスの描画性能に優れており，入力機器としてキーボードのほかに GUI としてマウスを多用するように設計されていた．Macintosh は，Apple 社を代表するコンピュータとして，進化を継続しているが，その特徴は，個人ユーザの使いやすさを重視して，グラフィカルデザイン，イラストの作画，音楽データや映像データなどの編集に適している点にある．

図1・16　Macintosh_128k

また，Macintosh は，DTP を一般化させたパーソナルコンピュータであり，印刷・出版業界，とくにわが国の書籍や雑誌の組版では，DTP ソフトウェアを活用することが一般的になっている（図 **1・17**）．DTP（DeskTop Publishing）とは，出版物や印刷物の原稿作成，編集，デザイン，レイアウト，組版などの作業をコンピュータで行

図1・17　iMac Pro

い，最終的に印刷可能な版下原稿の作成まで行うことを指している．

　ユーザインターフェイス，**UI**（User Interface）とは，コンピュータシステムと

その利用者との間で情報を伝達する手段を指している．**キャラクター・ユーザイン ターフェイス，CUI**（Character User Interface）とは，文字を情報の表現として，キーボードから文字を入力して，コンピュータを操作する方式で，CUI を採用する代表的な OS には，MS-DOS や UNIX がある．**グラフィカル・ユーザインターフェイス，GUI**（Graphical User Interface）とは，コンピュータの操作の対象がアイコンなどの図形で表現されるユーザインターフェイスであり，マウスやポインティングデバイスを使用して，直感的にコンピュータを操作する方式である．

1·3·4 UNIX と Linux

UNIX とは，1969 年に AT&T 社の Bell 研究所で開発されたマルチタスクとマルチユーザが利用できる異なる機種間で容易に動作できる移植性を高めた OS である．**マルチタスク**（Multi-tasking）とは，OS によって同時に複数のタスク（作業，処理）を並行して CPU が実行するように運用することを指している．これは，CPU の計算処理時間が外部装置の処理時間より格段に高速であるため，外部装置による入出力待ちや通信待ちなどの待ち時間の間に，CPU を動作させて別のタスク計算を行い，全体の処理時間を短縮する機能である．マルチタスクは**マルチプロセス**（Multi-process），**マルチプログラミング**（Multi-programming），**多重プログラミング**とも呼ばれる．**マルチユーザ**（Multi-user）とは，1 台のコンピュータや 1 つのソフトウェアを，複数の利用者が同時並行してそれぞれの識別情報や設定に基づいて利用できることを表している．

UNIX という商標権は The Open Group という団体が保有し，その認証を受けて種々の企業が開発・販売している OS 製品は，商用 UNIX と呼ばれている．これらのほかに，UNIX に類似する OS を UNIX 系 OS といい，最も普及している UNIX 系 OS は Linux というオープンソースソフトウェアで，誰でも自由に入手，使用，改変，再配布でき，開発に参加できる OS がある．

Linux は，1991 年に Linus B. Torvalds が最初に開発した OS で，多くの開発者たちが共同して修正や開発に取り組んでいる．

1·4 コンピュータの現在と未来

1·4·1 現在のコンピュータ

現在の OS やアプリケーションソフトウェアの多くは，GUI を採用している．GUI で使われるほとんどの機能は，アイコン上にマウスなどのポインティングデバイスが指示するカーソルを移動させて，ボタンをクリックすることで，機能を呼び出したり，プログラムを起動させたりする．CUI では，ユーザがコンピュータに機能を指示するためには，その機能が割り当てられたファンクションキーを押したり，文字入力によっていた．

しかし，GUI では，マウスを動かして画面上のカーソルをアイコンに重ねて，マウスのボタンをクリックするだけで機能を指示できるので，ユーザにとってコンピュータが容易に使用できるようになる．アイコンは，1970 年代に Xerox 社の Palo Alto 研究所で発明されたもので，この研究所ではマウス，Smalltalk，イーサネット，レーザープリンタなども発明され，GUI やユビキタスコンピューティングなどコンピュータの利用に貢献する研究と開発が行われた．Apple 社の Macintosh は，アイコンで操作される GUI を一般に普及したコンピュータである．

現在の代表的な OS は GUI を採用することが一般的であり，PC/AT 互換機の Microsoft 社の Microsoft Windows，Apple 社の macOS，スマートフォンなどのモバイル機器向けに設計された Google 社の Android と Apple 社の iOS，GUI を組み込んだ Linux や FreeBSD の UNIX 系 OS などがある．

1·4·2 ユビキタスコンピューティング

ユビキタスコンピューティング（Ubiquitous computing）とは，1988 年に，Palo Alto 研究所の M. Weiser が PC に代わる，日常のいたる所に存在し，あらゆるものに埋め込まれた見えないコンピュータを，いつでもどこでも使える状態を表す概念として提唱した用語である．このような人間に意識させないコンピュータがたがいに自立的に連携し，動作することによって，人々の生活や社会はより豊かになるという高い利便性が得られる．現代では，PC やスマートフォンをはじめ，カーナビゲーションや多くの情報家電製品がインターネットに接続できる．さらに声をかけるだけで照明をつけたり，スマートスピーカーと呼ばれる機器がインターネットを利用して，音声を理解して，情報検索や，連携する家電製品を操作したり

することができるようになった．これらの例は，ユビキタスコンピューティングの
一例といえよう．

1·4·3 スマートスピーカー

スマートスピーカー（Smart speaker）とは，人間と対話して，内蔵するマイク
で音声データを認識し，人間が期待する操作を行ったり，補助したりする AI アシ
スタント機能をもつスピーカーである．**AI アシスタント**（Artificial Intelligence
assistant）とは，**バーチャルアシスタント**（Virtual assistant）または**デジタル
アシスタント**（Digital assistant）とも呼ばれ，ユーザの発声する自然言語を理解
し，ユーザのためにタスクを行うアプリケーションプログラムである．AI アシス
タントには，Apple 社の Siri，Google 社の Google アシスタント，Amazon 社の
Alexa，Microsoft 社の Cortana などがある．

たとえば Siri は，Apple 社のスマートフォンやタブレット PC，PC，TV，腕時
計型ウェアラブルコンピュータなどに搭載されている．2014 年に Amazon 社が発
売したスマートスピーカー Amazon Echo に搭載された Alexa に話しかけること
によって，音楽再生やアラームの設定，天気や交通情報の聴取，一般的な質問に対
する回答，購入サービスの補助などのように，日常生活を便利にするためにコン
ピュータを利用するという**ホームコンピューティング**ができる．

1·4·4 タブレット PC とウェアラブルコンピュータ

タブレット PC（Tablet PC）は，単に**タブレット**あるいは**タブレット端末**とも
いい，平板状の外形で，タッチパネルによるタッチインターフェイスのディスプレ
イを搭載し，タッチパネルをなぞることによりマウスと同様な操作が行え，手書き
文字や図形などの入力ができ，直感的に操作できる持ち運びに便利なパーソナルコ
ンピュータである．タブレット PC は，2001 年に Microsoft 社が発表しているが，
2010 年に Apple 社の iPad が発売されて，その利用が拡大された．

ウェアラブルコンピュータ（Wearable computer）とは，ウェアラブル端末とも
呼ばれ，人間が身体に装着できるコンピュータであり，腕時計型，眼鏡型，指輪
型，ペンダント型，衣服型など，さまざまなタイプの製品が開発されている．ウェ
アラブルコンピュータはエンドユーザが直接的に接する端末として，ユビキタスコ
ンピューティングを実現している．腕時計型のコンピュータは，**スマートウォッチ**
（Smartwatch）と呼ばれ，1970 年代からデジタル腕時計が発売され，1988 年に S.

Mann によって OS に Linux を使用した腕時計 Wristwatch Computer が開発され，2015 年に発売された Apple 社の Apple Watch は，スマートウォッチの市場を拡大した．

1·4·5　コンピュータの進展

　1965 年に Intel 社の共同創立者の 1 人である G. E. Moore は，大規模集積回路の製造に関する長期的傾向について，半導体の集積密度は 18 ～ 24 カ月で倍増し，半導体チップの処理能力が 2 倍になってもさらに小型化が進むという**ムーアの法則**（Moore's law）を発表した．Moore の法則は経験則であるが，集積密度を性能の向上に置き換えると，この法則は現在でも成立するといわれている．コンピュータの性能向上に関する驚異的な進歩は，当分の間，今後も継続すると予想されている．

　今後，実用化されると考えられているコンピュータの 1 つに，量子コンピュータがある．**量子コンピュータ**（Quantum computer）とは，量子力学を応用したコンピュータで，現在のコンピュータが 0 または 1 という論理素子を基礎にしているのに対して，0 と 1 を重ね合わせた量子素子を用いて N 個の量子素子で 2 の N 乗個の状態を一括した並列処理によって格段に高速な計算ができるコンピュータである．

　量子コンピュータが実現すれば，地球上にある各種の日用品や機器のすべてに暗号を埋め込んで，それらを個別に識別し，記録し，管理することができるようになり，偽造防止が図られ，また，人工知能を活用してプランクトンの挙動やウィルスの動きなどを追跡し，調査し，解析することによって，人類の健康や地球環境の保全を図ることも可能になると考えられている．

　現代は，コンピュータの進歩とその応用技術の発展の途中にある．過去には，夢であったり，仮説であったものが，次第に現実となり，実現されてきたものも少なくない．人工知能が進化すると，コンピュータが人間の仕事を奪ってしまい，人間が要らなくなると危惧する向きがある．確かに過去の職業で，現代では不要となった職業も少なくない．しかしコンピュータを進化させ，技術を発展させるのは，コンピュータを活用して，そのコンピュータを運用する人間であり，結局，夢を実現するのは，人間の知的活動の積み重ねであると考えられる．

1·5 コンピュータの構成要素

1·5·1 コンピュータの5大装置

コンピュータを構成している要素には，5つの重要な装置があり，これを5大装置と呼んでいる（表1·3）.

表1·3 コンピュータの5大装置

装置名		機 能 （働き）	主な種類
中央処理装置	① 演算装置	制御装置に指示にしたがって四則演算や論理演算を行う.	マイクロプロセッサ
	② 制御装置	記憶装置にあるプログラムやデータを1つずつ読み込んで解読し，他の装置に動作の指示を与える.	
③ 記憶装置	主記憶装置	中央処理装置が実行するプログラムやデータを格納し，その指示にしたがってこれらを転送する.	メインメモリ
	補助記憶装置	大量のプログラムやデータを記憶し，必要に応じて主記憶装置に転送する. 電源を切っても内容は失われない.	FDD，HDD，光磁気ディスク装置，CD-ROM装置，DVD-ROM装置，ブルーレイディスク装置，SSD，コンパクトフラッシュ，メモリースティック，SDカード，マイクロSDカード，USBメモリなど.
④	入力装置	コンピュータへデータを入力するための装置.	キーボード，マウス，タッチパネル，イメージスキャナ，OCRなど.
⑤	出力装置	コンピュータの処理結果や記憶装置内のデータを外部に表示・印刷するための装置.	ディスプレイ，プリンタなど.

1·5·2 中央処理装置

演算装置と制御装置の2つを合わせて**中央処理装置**（CPU：Central Processing Unit）または**処理装置**（Processor，Processing unit）という（図1·18）.

図1·18 パーソナルコンピュータ用CPU

1·5·3 主記憶装置

コンピュータで扱う情報をデータとして蓄えておく機能が記憶機能であり，その機能を担う装置が**記憶装置**（Storage unit）である．記憶装置には，**主記憶装置**（Main storage）と**補助記憶装置**（Auxiliary storage）とがある．

主記憶装置は制御装置が直接データを読み書きする記憶装置で，**メインメモリ**（Main memory）または**内部記憶装置**（Internal storage）と呼ばれる（図**1·19**）．主記憶装置には，コンピュータの処理速度を速くするため，動作を高速にできる比較的高価な半導体素子が用いられる．また，主記憶は電源を切ると消滅してしまう**揮発性**（Volatile）の性質をもっている．

図1·19　PC用メモリ

① **RAM**（Random Access Memory）　読み書きが可能な記憶装置．電気的な情報を保存したり，書き換えたりできる半導体メモリ．RAMと異なり，製造時に一度だけデータを書き込むことができ，利用時には記録されたデータの読出しだけが可能な記憶装置を **ROM**（Read Only Memory）という．

②-1 **DRAM**（Dynamic RAM）　半導体メモリの1方式．コンデンサの電荷の有無で情報を記録するが，SRAMと違い，一定周期で電荷の再充電が必要．構造が簡単なため大容量にできる．

②-2 **SRAM**（Static RAM）　半導体メモリの1方式．入力された状態を保持し続けるフリップフロップ回路を使ったメモリ．高速でのリフレッシュは不要だが，集積度を上げにくく，大容量化が難しい．

③-1 **SIMM**（Single In-line Memory Module）　メモリモジュールの規格の1種．486やPentiumなどのCPUが主流であったころのPC用メモリモジュールで，端子数が30ピンや72ピンである．

③-2 **DIMM**（Dual In-line Memory Module）　メモリモジュールの規格の1種．基盤の両面に端子があるメモリ．

③-3 **RIMM**（Rambus In-line Memory Module）　Direct RDRAMを搭載し

た 184 ピンのメモリモジュール.

④ **RDRAM** Rambus 社が開発した Rambus インターフェースを使った DRAM で高クロックで動作する.

1·5·4 補助記憶装置

補助記憶装置は,**外部記憶装置**（External storage）とも呼ばれ,主記憶装置と対照的に大量のデータを記憶し,読み書き速度は比較的遅いが,安価な媒体が用いられる.補助記憶装置は電源を切っても内容が保存される**不揮発性**（Nonvolatile）の性質がある.

外部記憶装置として,代表的なものを以下に記す.

① **FDD**（Floppy Disk Drive） フロッピーディスク（ディスケット）を読み書きするための装置.フロッピーディスクは円盤状の薄い樹脂に塗布した磁性体にデータを記録する.8 インチ,5.25 インチ,3.5 インチなどの大きさのフロッピーディスクが使用され,3.5 インチの 2 HD タイプは 1.44 MB の容量であった.2000 年頃から,他の大容量で高速な記憶装置が普及し,フロッピーディスクはあまり使われなくなった.

② **HDD**（Hard Disk Drive） ハードディスクドライブは,単に HDD,またはハードディスク,固定ディスクなどと呼ばれる.HDD は,薄いアルミニウムやガラスなどの円盤（ディスク）に磁性体を塗布し,磁気記憶方式によってデータを読み書きする装置である.HDD は,磁気ディスク,ヘッド,モータ,制御回路などが一体化して,分解できない構造になっており,大容量で比較的安価なため,とくにパーソナルコンピュータの外部記憶装置として標準的な存在であるが,近年ではより高速な装置に置き換えられる傾向にある（図 **1·20**）.

図 1·20 HDD

③ **MO**（Magneto Optical disk） 光磁気ディスク.レーザー光と磁気の性質を組み合わせて記録し,光学的に読み出す外部記憶装置で,記憶容量は 3.5 インチで,128 MB,230 MB,640 MB,1.3 GB,2.3 GB などがあるが,最近

ではあまり使われなくなった.

④ **光学ドライブ**(Optical Disc Drive) 光学ドライブは,データの読出しや書込みにレーザー光を使用して,光ディスクを用いた記憶装置である.光ディスク(光学メディアともいう)には,CD,DVD,BD などがある.

④-1 **CD-R ドライブ**(Compact Disc-Rom drive) CD にコンピュータのデータを記録したもので,ソフトウェアの配布媒体として広く普及している.CD-R(CD-Recordable)は同じ場所に一度しか書き込めない追加記録型のCD.CD-RW(CD-Rewritable)は書き換え可能な CD で,相変化記録方式を採用している.なお,CD とはソニーとオランダの Philips が共同開発し,1982 年に製品化した直径 12 cm または 8 cm のディスクにデジタル情報を記録したメディアである.

④-2 **DVD-R ドライブ**(Digital Versatile Disc-Rom drive) 読み出し専用の DVD.PC 用だけでなく **DVD-Video** や **DVD-audio** の記録メディアでもある.**DVD-R**(DVD-recordable)は追記型の DVD で片側 3.95 GB や4.7 GB の記憶容量がある.DVD-RW(DVD rewritable)は書き換え可能DVD である.

④-3 **BD ドライブ**(Blu-ray Disc drive) Blu-ray Disc は,DVD に次ぐ大容量光ディスクで,ブルーレイや単に BD と呼ばれることがある.CDや DVD と同じ直径 12 cm の樹脂製ディスクを用い,ドライブ装置内で高速で回転させながら近接させた青紫色半導体レーザー(Blue-violet laser diodes)からレーザー光を照射して信号の読み書きを行う.片面一層あたり25 GB や片面 4 層で 128 GB の容量の Blu-ray ディスクなどがある(図 **1・21**).なお,英語表記の disk は,主に磁気メディアに,また disc は,光メディアに使用されるが,両者の混用も見られる.

図 1・21 BD-R ドライブ

⑤ **SSD**(Solid State Drive) ソリッドステートドライブ.SSD は,記憶媒体として半導体メモリをディスクドライブのように扱える補助記憶装置である.HDD などと同じストレージ(外部記憶装置)としてコンピュータに接続し,プログラムやデータの永続的な保存に用いられる.SSD は,HDD に比べて,ディスクを回転する必要はないから,高速で消費電力が低く,発熱も少なく,耐衝撃性に優れ,軽量で動作音も発生しない利点がある.SSD

の価格対性能比は次第に向上しているので，多くのパーソナルコンピュータに採用されている．

⑥ **USB メ モ リ**（Universal Serial Bus Memory）　USB メ モ リ は，USB フラッシュメモリ，USB ドライブ，USB ストレージ，USB ディスクなどさまざまな呼称がある．USB メモリとは，コンピュータや携帯電話などの USB 端子に差し込んで使用する不揮発性メモリ（フラッシュメモリ）を内蔵した小型の外部記憶装置である．USB メモリは，着脱や持ち運びが容易な記憶媒体（Recording Media：記憶メディア）として，パーソナルコンピュータなどの情報機器間のデータの移動によく用いられている．USB とは，ユニバーサル・シリアル・バスともいい，主としてコンピュータと周辺機器を接続するために用いられるデータの伝送方式である．USB 規格は，最大データ転送速度の向上にしたがって，何度も規格のバージョンを更新している．

⑦ **メモリーカード**（Memory Card）　メモリーカードは，薄型のカード状の補助記憶装置であり，不揮発性メモリを内蔵し，デジタルカメラや携帯電話などの記録媒体として，また PC に接続して汎用のリムーバブルメディアとしても広く利用されている．メモリーカードには，**SD カード**，**miniSD カード**，**microSD カード**，**メモリースティック**（Memory Stick），**コンパクトフラッシュ**（CompactFlash, CF）など種々の規格に基づく多数のメモリーカードが流通している．

1·5·5　入力装置

入力装置（Input unit）は，コンピュータにデータやプログラムなどの情報を外部から伝える働きを入力機能といい，その入力機能を担う部分を入力装置という．入力装置は，外部から入力されたいろいろな形式の情報を，コンピュータ処理に適した形式に変換した後に主記憶装置に送る．

最も代表的な入力装置は，**キーボード**（Key board）や**マウス**（Mouse）であるが，このほか，**タッチパネル**，**ライトペン**，**OCR**（Optical Character Reader：**光学式文字読取装置**），**OMR**（Optical Mark Reader：**光学式マーク読取装置**），**イメージスキャナ**（**図形入力装置**），**音声入力装置**，**デジタルカメラ**などさまざまなものがある（図 **1·22**）．

図1·22 キーボード・マウス・スキャナ

1·5·6 出力装置

出力装置（Output unit）とは，コンピュータが内部の主記憶装置に記憶しているデータを外部に伝える働きを出力機能といい，その出力機能を担う部分を出力装置という（図1·23）．出力装置は，出力されたデータを人間が認識できる形式の情報に変換するもので，**プリンタ**（Printer），**ディスプレイ**（Display），**音声応答装置**などがある．コンピュータ制御の工作機械やロボットなども出力装置の一種と考えられる．

図1·23 ディスプレイ

　3D プリンタ（3-Dimensional printer：3次元プリンタ）は，微細な樹脂などの素材を溶かしながら1層ずつ積み重ねて立体物を造形する装置である（図1·24）．紙に印刷するプリンタのように，**3次元コンピュータグラフィックス，3DCG**（3-Dimensional Computer Graphics）のデータから，断面の形状データを取り出し，その断面形状を成形していく．3D プリンタは，以前から産業用途として，試作品や模型などの制作に利用されてきたが，材料の種類が豊富になり，造形精度が向上

図1·24 3D プリンタ

し，医療用などの高度な利用とともに．低価格化も進み，個人用途など広範囲に利用されている．

1·6 │ コンピュータの利用技術

1·6·1　情報通信技術

コンピュータの性能向上と普及によって，コンピュータの利用技術は，革新的な進化を継続している．当初のコンピュータは，複雑な大量の計算を行うために開発された独立した機械であったが，インターネットの出現によって，その利用技術は広範囲に拡大された[5]．

インターネット（Internet）とは，規格で定められた共通の通信プロトコル（通信規約，通信手順：Communications protocol）を用いて，全世界の膨大な数のコンピュータや通信機器を相互に接続した地球規模の巨大な通信ネットワークである．インターネットの利用によって，国の枠を超えて，個人や企業，公的機関などのさまざまな利用者が相互に情報を通信することが可能になった．インターネットがもたらすボーダーレス（国境がない）の世界では，地域的な差異を超えて情報の交流が活発になった．

1990年代のインターネットや携帯電話の普及と，情報技術の高度化にともなって，情報化社会が出現した．情報化社会では，物的な資源と同じような価値が情報という目に見えないものにもあり，情報を高度に活用し，発展させた社会を高度情報化社会と呼んでいる．

情報技術（Information Technology）は，**IT**ともいい，情報を取得，加工，保存，伝達などの情報処理に関する技術である．**ICT**（Information and Communication Technology）または**情報通信技術**という用語もITとほとんど同義語的に用いられるが，ITにインターネットなどの通信技術の利用面を強調する場合や，ITを社会や生活などへの応用を含めたより広義な用語として使われる用語である．

ICT革命（Information and Communication Technology revolution）は，わが国ではIT革命とも呼ばれ，コンピュータやソフトウェア，データ通信などの情報技術の発展と普及にともなって，社会のさまざまな側面に急激に押し寄せる不可逆的で巨大な変化のことを指し，18世紀に起こった産業革命に対比して使われることがある．

1·6·2　高度情報通信ネットワーク社会

わが国では，2000年に**高度情報通信ネットワーク社会形成基本法**（**IT基本法**）

が制定された．これは，世界的規模で急激で大規模な社会経済構造の変化に対応するために，高度な情報通信ネットワーク社会を形成するのに必要な基本的理念と基本方針を定め，国や公的な組織の責務をあきらかにした法律である．

この法律は，高度情報通信ネットワーク社会とは，インターネットや高度情報通信ネットワークを通じて自由で安全に多様な情報や知識を世界的規模で入手して，共有し，発信することによって，あらゆる分野で創造的で活力のある発展ができるような社会であると定義している．

デジタル・デバイド（Digital divide）とは，PCや情報システム，インターネットなどのIT技術の普及にともない，これらに精通している人材と精通していない人材との間に生じるさまざまな格差のことを指している．IT技術の急速な進化・進歩にともない，個人の貧富や国家の繁栄などの格差に対して，より一層の拍車がかかることが懸念されており，社会問題にもなっている．

1・6・3 e-Japan と u-Japan

2001年に日本政府は，すべての国民がITを積極的に活用して，その恩恵を最大限に享受できる知識創発型社会の実現に向け，早急に革命的で現実的な対応を行わなければならないとして，**e-Japan戦略**を公表した．これは，市場原理に基づいて，民間が最大限に活力を発揮できる環境を整備し，5年以内に世界最先端のIT国家となることを目指すというものであった．

また，2004年には，ユビキタスネットワークの整備，ICTの利用と活用の高度化，安心安全な利用環境の整備という3つ政策に重点をおく**u-Japan政策**が発表された．u-Japanのuには，Ubiquitous（**ユビキタス**）という意味に加えて，Universal（ユニバーサル），User−oriented（ユーザへの親和性が高い），Unique（ユニーク）という意味が込められている．

1・6・4 xICT ビジョン

2008年に総務省のICT成長力懇談会は，**xICTビジョン**と題する報告書をとりまとめた．この報告書では，日本の成長力の現状として，1992年に世界1位だった国際競争力ランキングを，2007年には24位にまで落としたことや国内における地域間格差が指摘された．

そこで，世の中の従来の原則に対する考え方を変え，ICTの徹底的な活用をうながすために，**xICT**（エックス・アイ・シー・ティ）という新しいコンセプトを

提示した．xICTとは，ICTを掛け合わせるという意味で，ICT利用を深化させることにより，生まれ変わることを目標に，あらゆる産業・地域とICTの融合をうながし，ICTによる経済成長を図っていく方針が打ち出された．

世の中の原則が変わるという意味は，図1·25のような不連続な変化をとらえている．xICTでは，新規事業領域の創出や地域間の連携やコミュニティの活性化を図るために，産業×ICT，地域×ICTなど，あらゆる事柄について，ICTとの融合・深化を進めることで改革や成長を促そうという考え方である．

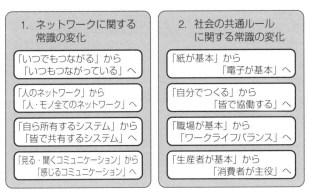

図 **1·25** 世の中の原則が変わることの意味

1·6·5 スマート革命

2012年にスウェーデンのビルト外務大臣は，「インターネットは21世紀の『水』であり，水のあるところに『命』が生まれる．インターネットへのアクセスが確保されたところに『希望』が生まれる．インターネットの自由の欠如は今日における貧困の一形態となる」と，インターネットを水にたとえてその役割の重要性を強調した．

ICTの社会経済発展への役割の増大，とくにインターネットの社会基盤化は，無線技術，ストレージ技術などICT技術の革新を背景としたネットワーク・サービス環境の飛躍的進化により，その適用範囲は大きく拡大している．そこで，わが国の政府は，2012年に**スマート革命**のイメージを発表した．ユビキタスネットワーク環境が整い，クラウド，ソーシャル，高機能化した端末（スマートフォン・タブレット端末）などによって，ネットワークを構成する各レイヤーは，情報の分析・活用能力を備えてくると予想される．

　その結果として，多種多量のデータ（ビッグデータ）の生成・収集・蓄積が可能・容易になり，その分析・活用による異変の察知や近未来の予測などを通じて，利用者個々のニーズに即したサービスの提供，業務運営の効率化等が可能になり，ビッグデータの活用による新産業の創出も期待され，スマート化によってICTの新しい革新がもたらされるというイメージである．これを**スマートICT**と呼んでいる．

　クラウド（Cloud）または**クラウドコンピューティング**（Cloud computing）とは，データサービスやインターネット技術などが，ネットワーク上にあるサーバ群（クラウド：雲）にあり，ユーザは今までのように自分のコンピュータでデータを加工・保存することなく，どこからでも，必要なときに，必要な機能だけを利用できる新しいコンピュータ・ネットワークの利用形態を指している．クラウドという用語は，利用者から直接に見えない雲の向こうで，情報処理サービスが行われていることから名づけられた．

1・6・6　ビッグデータ

　ビッグデータ（Big data）とは，単に量が多いだけでなく，さまざまな種類や形式が含まれる非構造化データ・非定型的データであり，さらに，日々膨大に生成・記録される時系列性・リアルタイム性のあるような，きわめて多量なデータを指している．データの大きさは，その対象によって異なるが，数百TB（テラバイト），PB（ペタバイト），あるいはEB（エクサバイト）などの規模を指す場合が多い．

　今までは管理しきれないため見過ごされてきたビッグデータを記録し，保管して即座に解析することで，ビジネスや社会に有用な知見を得たり，警報や情報をリアルタイムに提供したり，これまでにない新しいシステムを産み出す可能性が高まるとされている．

1・6・7　IoT

　2016年にわが国では，今後の生産性革命を主導する最大の鍵は，**IoT**（Internet of Things），ビッグデータ，人工知能，ロボット・センサの技術的ブレークスルーを活用する第4次産業革命であるとして，日本再興戦略2016を公表した．

　IoTとは，**モノのインターネット**と呼ばれ，自動車，家電，ロボット，施設などあらゆるモノがインターネットにつながり，情報のやり取りをすることで，モノのデータ化やそれに基づく自動化などが進展し，新たな付加価値が生み出されること

を指している．従来のモノは，人間が操作して，制御しなければ，機能しなかったが，モノに RFID タグを付けることによって，あらゆるモノがインターネットに接続されることが可能になった．

RFID（Radio Frequency IDentification）とは，IC と小型アンテナが組み込まれたタグやカード状の媒体から，電波を介して情報を読み取る非接触型の自動認識技術であり，ID 情報を記録した微小な電子チップ（RFID タグ）を，電波によってリーダ・ライタと交信し，識別情報を交換する．RFID では，無線によって非接触で情報伝達をするため，バーコードのように直接読み取る必要がなく，ゲートを通過させるような簡単な方法で情報を伝達することができる．また，RFID は，条件が整えば包装の上からでも読み取り可能であり，移動状態でも読み取り可能という利点がある．RFID を利用すれば，モノとのコミュニケーションが可能になり，モノがインターネットに接続される仕組みができる．

1·6·8 人工知能

人工知能（AI：Artificial Intelligence）とは，一般に人間が行っている判断・推測・学習などの高度な知的活動を，コンピュータを使って人工的なシステムで実現する技術を意味している．第 4 次産業革命とは，18 世紀末以降の水力や蒸気機関による工場の機械化である第 1 次産業革命，20 世紀初頭の分業に基づく電力を用いた大量生産である第 2 次産業革命，1970 年代初頭からの電子工学や情報技術を用いた一層のオートメーション化である第 3 次産業革命に続く，次のようないくつかのコアとなる技術革新を指している．

① **IoT とビッグデータ**　これらによって，工場の機械の稼働状況から，交通，気象，個人の健康状況までさまざまな情報がデータ化され，それらをネットワークでつなげてまとめ，これを解析・利用することで，新たな付加価値が生まれる．

② **AI**　AI によって，人間がコンピュータに対してあらかじめ分析上注目すべき要素をすべて与えなくとも，コンピュータ自らが学習し，一定の判断を行うことが可能となる．さらに，従来のロボット技術も，より複雑な作業が可能となり，3D プリンタの発展により，省スペースで複雑な工作物の製造も可能になる．

このような技術革新により，① 大量生産・画一的サービス提供から個々にカスタマイズされた生産・サービスが提供され，② すでに存在している資源・資産を効率的に活用できるようになり，③ AI やロボットによる，従来人間によって行われていた労働の補助・代替などが可能となる．

企業などの生産者側からみれば，これまでの財・サービスの生産・提供のあり方は大きく変化し，生産の効率性が飛躍的に向上する可能性がある．消費者側からみれば，既存の財・サービスを今までよりも低価格で好きなときに適量だけ購入できるだけでなく，潜在的に欲していた新しい財・サービスをも享受できることが期待される．

1・6・9 Society 5.0

第4次産業革命によるデジタル化が進んだ社会像として，**Society 5.0** がある．これは，内閣府の第5期科学技術基本計画（2016 〜 2020 年度）において，わが国が目指すべき未来社会の姿として提唱されたもので，狩猟社会，農耕社会，工業社会，情報社会に続く，サイバー空間（仮想空間）とフィジカル空間（現実空間）を高度に融合させたシステムにより，経済発展と社会的課題の解決を両立する，人間中心の社会とされている．

これまでの情報社会（Society 4.0）では，社会での情報共有が不十分であったが，Society 5.0 で実現する社会では，IoT ですべての人とモノがつながり，さまざまな知識や情報が共有され，今までにない新たな価値を生み出すことで，社会の課題や困難を克服していく．また，AI により，必要な情報が必要なときに提供されるようになり，ロボットや自動走行車などの技術で，少子高齢化，地方の過疎化，貧富の格差などの課題が克服される．社会の変革（イノベーション）を通じて，これまでの閉塞感を打破し，希望のもてる社会，世代を超えてたがいに尊重し合あえる社会，一人一人が快適で活躍できる社会となる．

これらを実現する Society 5.0 の社会では，AI，IoT 化といったデジタル化の進展による全体最適の結果，社会的課題の解決や新たな価値の創造をもたらす可能性が描かれる．

1章 | 練習問題

問題1・1 コンピュータと電卓の違いを説明しなさい.

問題1・2 情報とデータの違いを説明しなさい.

問題1・3 アルゴリズムとは何かを説明しなさい.

問題1・4 任意の2次方程式の根を求めるアルゴリズムを示しなさい.

問題1・5 ビットとバイトの違いを説明しなさい.

問題1・6 計算機アーキテクチャとは何か説明しなさい.

問題1・7 基本ソフトウェアと応用ソフトウェアの違いを説明しなさい.

問題1・8 メインフレーム, ミニコンピュータ, スーパーコンピュータ, パーソナルコンピュータの違いを説明しなさい.

問題1・9 機械語とは何かを説明しなさい.

問題1・10 インタプリタとは何かを説明しなさい.

問題1・11 インタフェースとは何かを説明しなさい.

問題1・12 CUIとGUIの違いを説明しなさい.

問題1・13 アイコンとは何かを説明しなさい.

問題1・14 ユビキタスコンピューティングを説明しなさい.

問題1・15 スマートスピーカーとは何かを説明しなさい.

問題1・16 新しいホームコンピューティングの課題を考案し, その効果を説明しなさい.

問題1・17 ウェアラブルコンピュータとは何かを説明しなさい.

問題1・18 新しいウェアラブルコンピュータを想定し, その用途を説明しなさい.

問題1・19 近未来にコンピュータによって解決すべき問題を3つ考案し, 各問題の内容とその解決によって得られる効果について説明しなさい.

問題1・20 コンピュータを構成する5大装置とは何かを説明しなさい.

問題1・21 ビッグデータには, どのようなデータがあるかを調べなさい.

問題1・22 IoTとは何かを説明しなさい.

問題1・23 人工知能とは何かを説明しなさい.

問題1・24 どのような課題が新しい人工知能の開発によって解決されるかについて, 例をあげて議論しなさい.

問題1・25 人とモノが自由にコミュニケーションできるなら, どのような問題が解決されるかについて, 例をあげて議論しなさい.

02

情報の基礎理論

　本章では電子計算機で取り扱われる情報の基礎的な理論を学ぶ．電子計算機の中ではすべての情報が離散化されて取り扱われるから，最初にアナログ情報をディジタル情報に変換する．また，計算機は 0 と 1 のみを取り扱うので，すべての情報は 0 と 1 の組合せで構成されており，0 と 1 の組合せだけでも数多くの表現が可能となる．

　さらに，情報はどのようにして計算されるのか，また情報はどのようにして圧縮できるのかなどについて学び，本章の最後に計算機内で情報を取り扱う上で便利な計算方式について学習する．

2·1 ┃ 標本化と量子化

　われわれの住む世界ではすべての量は連続しており，連続量として表現されるものを**アナログ**（analog）と呼ぶ．一方，計算機の中ではすべての量は離散化されており，離散的な量として表現されるものを**ディジタル**（digital）と呼ぶ．つまり，実世界の情報を計算機の世界で取り扱うためにはアナログ量をディジタル量に変換する必要があり，この変換を **A‑D 変換**（A‑D conversion），逆に計算機内の情報を実世界に戻すために行われる，ディジタル量からアナログ量への変換を **D‑A 変換**（D‑A conversion）と呼ぶ．

　たとえば，音声データは時間軸方向に対して音量が変化する **1 次元信号**（1 dimensional signal）であるが，時間軸方向に対して一定の間隔，たとえば，1 秒間

---

*1　音声のような 1 次元信号は時間軸方向に標本化を行うが，画像のような 2 次元空間データは空間軸，たとえば水平と垂直方向に標本化を行う．さらに，動画であれば時間軸と空間軸，つまり時空間軸に沿って標本化を行う．また，標本化間隔は必ずしも一定でなければならないわけではない．

隔や 0.1 秒間隔で音量データを取得することを**標本化**（sampling）という[*1]．

　一方，標本化によって時間軸方向に音声データは離散化されているが，標本化された音量データはいまだ連続したアナログデータである．したがって，標本化により離散化されたアナログデータをさらに離散化することを**量子化**（quantization）と呼ぶ．標本化と量子化によって連続量は離散的な量に変換されて計算機内で取り扱うことが可能となる．

　しかしながら，量子化されたデータは元の連続データの近似値であるため，元のデータと量子化データの間には差が生ずる．この差を**量子化誤差**（quantization error）と呼ぶ．標本化によって元の連続データは離散データに変換されているから，元のデータの一部が失われており，離散データから連続データを復元することは困難であるが，元のデータに含まれている最大周波数の 2 倍の周波数よりも高い周波数で標本化すれば元のデータを復元することができる．これを**標本化定理**（sampling theorem）という．

2·2 ┃ 進数表記

2·2·1　2進数

　われわれが日常生活において最も一般的に取り扱う数は 10 進数である．10 進数とは 10 を**基数**（cardinal number）とする数であり，0 から 9 までの 10 個の数字で構成される．10 という数は桁が 1 つ繰り上がった数であり，1 と 0 の組合せで構成されている．また，われわれが扱う他の数としては 12 進数や 60 進数もある．12 進数は午前や午後の時間を表す際に用いる数であり，12 を基数とする．12 時ということも可能であるが，午前 12 時は午後 0 時，あるいは午後 12 時は午前 0 時と等価であるため，基本的には 0 から 11 までの 11 個の数から成り立っている．一方，60 進数ではたとえば，60 秒は 1 分と等価であり，60 秒経つと秒の位は 0 に戻る．この場合は 0 から 59 までの数字で成り立っており，基数になる数は桁や位が一つ上がることを意味する．

　これに対して，計算機内では 0 と 1 のみを扱うために基本となる数は 2 となり，計算機内は **2 進数**（binary number）を扱うことになる．また，この 0 あるいは 1 を表す 1 桁の数を**ビット**（bit）と呼ぶ．つまり，1 ビットで表せる数は 0 か 1 のみであり，それ以上の数を表すためには多くのビットが必要となる．つまり，大き

な数を表すためには大きな桁が必要となり，表記上非常に不便である．そこで，4
ビットをまとめて扱うことが多い．4ビットなら $2^4 = 16$ の数が扱えるから16進数
となるが，16進数を扱うためには16個の文字が必要となる．12進数や24進数で
は11や23という数を扱っているが，たとえば1と11を区別するためには1を01
と記述する必要がある．つまり，1個の数ではなく常に2個の数で1桁の数を表記
する必要があり，非常に不便である．そこで，16進数では10から15までの数を1
個の数字として表すためにAからFまでのアルファベット用いる．計算機内では
2進数を基本とする数を扱うため，4進数や8進数など2のべき乗の進数も表記す
ることができる．これらの進数表記の関係を表 **2・1** に示す．

表 2・1　さまざまな進数表記

2進数	4進数	8進数	10進数	16進数
0	0	0	0	0
1	1	1	1	1
10	2	2	2	2
11	3	3	3	3
100	10	4	4	4
101	11	5	5	5
110	12	6	6	6
111	13	7	7	7
1000	20	10	8	8
1001	21	11	9	9
1010	22	12	10	A
1011	23	13	11	B
1100	30	14	12	C
1101	31	15	13	D
1110	32	16	14	E
1111	33	17	15	F

　ここで，進数の表記方法を定義しておく．進数の表記方法を定義しておかない
と，真の数がわからない．たとえば，10を2進数として考えると10進数の2とな
るが，4進数で考えると10進数の4となり，8進数で考えると10進数の8となる．
そこで，進数が表す数 x を括弧（　）で囲み，その右下に基数 y を記載して $(x)_y$
と記述することにする．たとえば，10進数の15を2進数で表すと $(1111)_2$ とな

り，16 進数で表すと $(F)_{16}$ となる[*1]．

2·2·2 2進数の四則演算

2 進数の四則演算について考える．1 桁の 2 進数は 0 あるいは 1 のみであるから，$(1)_2 + (1)_2 = (10)_2$ となり，この場合のみ桁上がりが生じるが，その他は 10 進数と同じ結果となり，1 桁の乗算も 10 進数と同じ結果となる．1 桁の 2 進数の加算および乗算の結果を表 2·2 に示す．

表 2·2 2進数の加算および乗算の結果

加算	$0+0=0$	$0+1=1$	$1+0=1$	$1+1=10$
乗算	$0\times0=0$	$0\times1=0$	$1\times0=0$	$1\times1=1$

なお，2 進数は 0 あるいは 1 のみで構成されており，0 に対して有限の数（この場合 0 あるいは 1）を掛けても 0 であるから，2 進数の乗算は乗数を被乗数の 1 の位置の桁までシフトして加算すればよいことになる．たとえば，10 進数で $(5)_{10} + (3)_{10} = (8)_{10}$ と $(5)_{10} \times (3)_{10} = (15)_{10}$ を 4 ビットの 2 進数で行った結果を図 2·1 に示す．

$$
\begin{array}{r}
101 \\
+)\ \ 11 \\
\hline
1000
\end{array}
\qquad
\begin{array}{r}
101 \\
\times)\ \ 11 \\
\hline
101 \\
+)\ 101 \\
\hline
1111
\end{array}
$$

（a）加算 　　　（b）乗算

図 2·1 2進数の加算と乗算

残りは減算と除算であるが，**負数**（negative number）と**逆数**（inverse number）を考えることで減算と除算を加算と乗算に置換することができる．負数とはマイナス符号をもつ数であるが，プラス符号をもつ**正数**（positive number）に対し，0 を境として反対の位置にある数のことを意味し，このような数は**補数**（complementary

---

[*1] 他に 10 進数には 0d，2 進数には 0b，16 進数には 0x を付けて表記することもある．なお，d は decimal，b は binary，x は hexadecimal を意味する．

number）と呼ばれる．そこで，減算を行うために 2 進数における補数を考える．
2 進数を構成する 0 あるいは 1 を逆，つまり 0 を 1 に，1 を 0 にした数を **1 の補数**
（1's complement）と呼ぶ．たとえば，4 ビットの 2 進数で $(0101)_2$ に対する 1 の
補数は $(1010)_2$ である．しかしながら，元の数と 1 の補数を加算すると $(0101)_2$
$+ (1010)_2 = (1111)_2$ となり，加算結果は 0 にならない．そこで，1 の補数に 1 を
加えた数を考え，この数を **2 の補数**（2's complement）と呼ぶ．つまり，(0101)
$_2$ に対する 2 の補数は $(1011)_2$ であり，これらの数を加えると，$(0101)_2 + (1011)$
$_2 = (10000)_2$ となり，1 つ桁上がりが生じるが，4 ビットだけを考えると 0 となる．

　実は，基数を n とすると，n の補数とは元の数との加算結果が桁上がりする最小
の数であり，$n-1$ の補数とは元の数との加算結果が桁上がりしない最大の数のこ
とである．この考えに従えば，基数 n を 10 とした 10 進数では，6 に対する 10 の
補数は 4 であり，$10-1=9$ の補数は 3 である．$6+4=10$ で桁上がりが生じるが，
$6+3=9$ となり桁上がりは生じない．なお，2 進数における桁上がりの取り扱いに
ついては第 3 章で説明する．

2·2·3　符号付き 2 進数

　補数はもともと，減算を加算に置換するために考えていたのだから，6 に対する
10 の補数は 4 でなく，-6 として定義する必要がある．2 進数で考えると，$(0110)_2$
$= (6)_{10}$ に対する 2 の補数は $(1010)_2 = (-6)_{10}$ とならなければならない．つまり，
定義されるビットの最上位ビットが 1 であれば正数ではなく，負数として考える．
こうすることで，減算を加算に置換することができる．ただし，あくまで最上位
ビットを単なる符号ビットとして考えるのではなく，必ず全ビットを対象とした補
数として計算しなければならない．

　こうすると，たとえば 4 ビットの場合，正数は $(0000)_2 = (0)_{10}$ から $(0111)_2 =$
$(7)_{10}$ までの 8 個の数字を，また負数は $(1111)_2 = (-1)_{10}$ から $(1000)_2 = (-8)_{10}$
までの 8 個の数字を表現することができる．なお，0 は最上位ビットが 0 であるか
ら正数として考える．最上位ビットにより正負を判断することを**符号付き**（signed），
最上位ビットが 1 の場合も正数と判断することを**符号なし**（unsigned）という．

2·2·4　進数の変換

　進数の変換は，次のようにすればよい．たとえば，$(1101)_{10}$ を符号なし 10 進数
で考えると，

$$1 \times 10^3 + 1 \times 10^2 + 0 \times 10^1 + 1 \times 10^0$$

であるから，

$$(1101)_2 = 1 \times 2^3 + 1 \times 2^2 + 0 \times 2^1 + 1 \times 2^0 = (13)_{10}$$

となる．つまり，各桁を2のべき乗として計算することで2進数を10進数に変換することができる．

同様にして，4進数なら4のべき乗，8進数なら8のべき乗を考えればよい．逆に10進数を2進数に変換するには，2で除した際の**剰余数**（residue number）を下位ビットから順に割り当てればよい．図で表すと次のようになる．

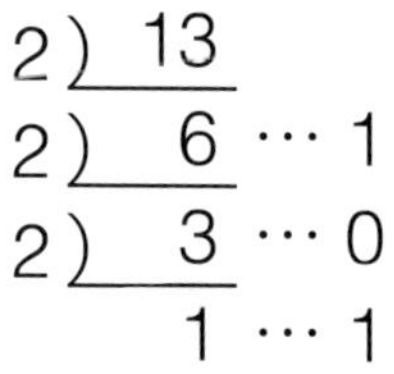

$$
\begin{array}{r}
2\,\big)\ \ 13 \\
2\,\big)\ \ \ 6 \cdots 1 \\
2\,\big)\ \ \ 3 \cdots 0 \\
\ \ \ 1 \cdots 1
\end{array}
$$

図2·2　10進数から2進数への変換

10進数を4進数や8進数に変換する場合も同様に，4や8で除した際の剰余数を下位ビットから順に割り当てればよいが，いったん，10進数を2進数に変換すれば，表**2·1**を基にして4進数なら2ビットごとに，8進数なら3ビットごとに，16進数なら4ビットごとに変換すればよい．

2·2·5　単位の表記

単位の表記について説明する．16進数では4ビットを一つのまとまりとして考えたが，通常は2桁の16進数，つまり8ビットを一つの単位として考え，これを**バイト**（byte）と呼び，Bと表記する．そして，$2^{10} = 1{,}024$ を1,000として考え，キロと称し，Kと表記する．その他，2のべき乗数と名称，および表記記号の関係を表**2·3**に示す．なお，正のべき乗数（1より大きな数）は大文字で，負のべき乗数（1より小さな数）は小文字で表す慣例になっている[*1]．

[*1]　km（キロメートル）やkPa（キロパスカル）など，1より小さな数の単位として使用されていない文字（k）は1より大きな数であっても小文字で表記されることがある．

表2·3 単位と表記記号

単位	名称	記号	単位	名称	記号
2^3	キロ	K	2^{-3}	ミリ	m
2^6	メガ	M	2^{-6}	マイクロ	μ
2^9	ギガ	G	2^{-9}	ナノ	n
2^{12}	テラ	T	2^{-12}	ピコ	p
2^{15}	ペタ	P	2^{-15}	フェムト	f
2^{18}	エクサ	E	2^{-18}	アト	a
2^{21}	ゼタ	Z	2^{-21}	ゼプト	z
2^{24}	ヨタ	Y	2^{-24}	ヨクト	y

2·3 文字列コード

2·3·1 JISコード

計算機内はすべて0か1で表記される2進数を使用してさまざまな情報が取り扱われる．文字も同様であり，すべて2進数の**符号**（code）として表記される．最初に定義された文字コードは **ASA**（American Standards Association）によって定義された **ASCII**（American Standard Code for Information Interchange）であり，7ビットコード体系であった．

その後，世界各国では ASCII を基に8ビットコード体系で文字コードが整備され，日本では **JIS**（Japanese Industrial Standard）として規格化されている．8ビットの JIS 規格文字コード（8ビット JIS）を表 **2·4** に示す．表の $(00)_{16}$ から $(7F)_{16}$ までの7ビットコード体系が ASCII の規格であり，$(80)_{16}$ から $(FF)_{16}$ までが8ビット JIS の拡張コードである．ただし，$(80)_{16}$ から $(A0)_{16}$ までと $(E0)_{16}$ から $(FF)_{16}$ までは未定義であるため，$(A0)_{16}$ 以外の未定義部分は表から削除してある．また，ASCII コードにおける $(00)_{16}$ から $(1F)_{16}$ までと $(7F)_{16}$ は**制御文字**（control character）と呼ばれ，表記上は文字として現れない．

たとえば，$(0A)_{16}$ は LF（Line Feed）と呼ばれ，カーソルを1行下に送ることを意味し，$(0D)_{16}$ は CR（Carriage Return）と呼ばれ，カーソルを同じ行の先頭（左端）に移動することを意味する．8ビット JIS で拡張された仮名文字はすべて半角のカタカナである．全角のカタカナや平仮名，さらに漢字は **JIS X 0208** で規定

されており，第1水準および第2水準の漢字の他，通貨や〒などの特殊文字も含まれている．

表2·4　JIS規格の文字コード

下位ビット	上位4ビット											
	0	1	2	3	4	5	6	7	A	B	C	D
0	NU	DL	SP	0	@	P		p		—	タ	ミ
1	SH	D1	!	1	A	Q	a	q	。	ア	チ	ム
2	SX	D2	"	2	B	R	b	r	「	イ	ツ	メ
3	EX	D3	#	3	C	S	c	s	」	ウ	テ	モ
4	ET	D4	$	4	D	T	d	t	、	エ	ト	ヤ
5	EQ	NK	%	5	E	U	e	u	・	オ	ナ	ユ
6	AK	SY	&	6	F	V	f	v	ヲ	カ	ニ	ヨ
7	BL	EB	'	7	G	W	g	w	ア	キ	ヌ	ラ
8	BS	CN	(	8	H	X	h	x	イ	ク	ネ	リ
9	HT	EM	)	9	I	Y	i	y	ウ	ケ	ノ	ル
A	LF	SB	*	:	J	Z	j	z	エ	コ	ハ	レ
B	VT	EC	+	;	K	[	k	{	オ	サ	ヒ	ロ
C	FF	FS	,	<	L	¥	l	|	ヤ	シ	フ	ワ
D	CR	GS	−	=	M	]	m	}	ユ	ス	ヘ	ン
E	SO	RS	.	>	N	^	n	‾	ヨ	セ	ホ	゜
F	SI	US	/	?	O		o	DEL	ッ	ソ	マ	°

2·3·2　さまざまな文字コード

　一方，アメリカでも ASCII コード普及前には10進数の1桁を4ビットで表現する **BCD**（Binary-Coded Decimal）が使用されており，IBM（International Business Machines Corporation）が BCD を8ビットコードとして独自拡張した **EBCDIC**（Extended Binary Coded Decimal Interchange Code）がある．さらに，EBCDIC を日立製作所がカナ拡張したコードとして，**EBCDIK**（Extended Binary Coded Decimal Interchange Kana Code）もあるが，NEC や IBM などは EBCDIC カナ版として別の独自拡張をしており，これらの間に互換性はない．

　さらに，マイクロソフト社が開発した OS（Windows）上で使用されている **S-JIS** や，AT&T ベル研究所で開発された OS の流れを受け継ぐ UNIX 系 OS 上で

使用されている **EUC**（Extended Unix Code）などもあり，これらの文字コードも JIS で規格化されている．

　このようにさまざまな OS 上で，さまざまな言語に対する文字コードが設定されてきたため，1980 年代にゼロックス，マイクロソフト，アップル，IBM，サン・マイクロシステムズ，ヒューレット・パッカードなどが参加するコンソーシアムで**ユニコード**（**Unicode**）が策定され，1993 年には**国際標準化機構**（ISO：International Organization for Standardization）が **ISO/IEC 10646** として制定した．基本的には 16 ビットのコード体系であるが，世界各国の文字をすべて Unicode の文字領域に収めることは不可能であるため，文字領域を 2 つペアで使用することにより世界各国の文字に対応できるよう，領域を拡張している．

2·4 小数表記

2·4·1　固定小数点数

　2·1 節では 2 進数による整数表現を学んだ．本節では 2 進数による小数表記を学ぶ．たとえば，10 進数表記された $(11.11)_{10}$ は

$$1 \times 10^1 + 10 \times 10^0 + 1 \times 10^{-1} + 1 \times 10^{-2}$$

であるから，2 進数でも同様に考えて，$(11.11)_2$ は

$$(11.11)_2 = 1 \times 2^1 + 1 \times 2^0 + 1 \times 2^{-1} + 1 \times 2^{-2}$$
$$= (2 + 1 + 0.5 + 0.25)_{10} = (3.75)_{10}$$

となる．このように，小数点の位置を固定して表記する方法を**固定小数点数**（fixed point）表記という．小数点の位置はシステムに依存し，整数部と小数部をどのように割り振っても構わない．

　たとえば，32 ビットで固定小数点を表現する際，整数部と小数部をともに 16 ビットとしてもよいし，整数部を 24 ビット，小数部を 8 ビット，あるいはその逆に整数部を 8 ビット，小数部を 24 ビットとしてもよい．また，負数も 2 進数の整数と同様に 2 の補数で考える．整数との違いは単に小数点があるかないかの違いである．あるいは，整数の小数点は最下位ビットの右にあると考えればよい．

2·4·2　浮動小数点数

固定小数点数では小数点の位置が固定されていたが，小数点の位置を動的に動か

すことによって，広範囲の数を表現する方法が**浮動小数点**（floating point）表記である．たとえば，$(11.11)_{10}$ は

$$11.11 = 1.111 \times 10^1 = 0.1111 \times 10^2 = 111.1 \times 10^{-1} = 1111 \times 10^{-2}$$

などさまざまな表記が可能である．このように，小数点の移動にともない，指数表記が連動していれば数値としては等価である．計算機上では **IEEE**（The Institute of Electrical and Electronics Engineers）というアメリカに本部をもつ電気電子工学系学会が定める **IEEE 754** 形式が採用されている．**IEEE 754** の形式を図 **2·3** に示す．

図 **2·3** **IEEE754** 形式

最上位の 1 ビットは符号ビットであり，0 なら仮数部が正，1 なら仮数部が負であることを意味する．指数部と仮数部のビット数は浮動小数の表現精度に依存し，表 **2·5** となる．

表 **2·5** 浮動小数点の精度とビット数の関係

精度	浮動小数点	符号ビット	指数部	仮数部
半精度	16	1	5	10
単精度	32	1	8	23
倍精度	64	1	11	52
四倍精度	128	1	15	112

数値は 2 進数で表記されているから，仮数部は 0 と 1 で構成されており，0 以外の数字であれば，必ず仮数部に 1 が存在する．そこで，最上位にある 1 を整数部に移動し，小数点の移動を指数部の増減で補う．たとえば，$(0.101)_2 \times 2^0$ は $(1.01)_2 \times 2^{-1}$ とし，仮数部を 2 倍する代わりに指数部から 1 を減ずることで調整する．さらに，整数部の 1 を省略して仮数部とする．つまり仮数部は 01 となる．

また，指数部は符号付き整数ではなく符号なし整数であるため，指数部の上位半分を正，下位半分を負とする．つまり，指数部から一定の数（バイアス値）を減じた数が真の指数部となる．浮動小数点の精度と指数部のバイアス値の関係を表 **2·6** に示す．

表2·6 指数部のビット数とバイアス値

精度	指数部ビット数	指数部最大値	バイアス値
半精度	5	31	-15
単精度	8	255	-127
倍精度	11	2,047	$-1,023$
四倍精度	15	32,767	$-16,383$

たとえば，図 **2·4** に示す **IEEE 754** 単精度の浮動小数点を 10 進数で表すと，

$$(-1)^1 \times (1.01)_2 \times 10^{(128-127)} = -(1.01)_2 \times 10^1 = -(10.1)_2 \times 10^0$$
$$= -(2.5)_{10}$$

となる．

| 1 | 10000000 | 01000000000000000000000 |

図 **2·4**　**IEEE754 単精度の例**

2·4·3　浮動小数点数が表す数

浮動小数点数は表 **2·5** にしたがって表 **2·6** に示す範囲の数字を表すが，この方法で数字のゼロ（0）を表すことはできない．そこで，指数部および仮数部がともに 0 の場合に数字のゼロを表すことにする．また，指数部が最大値で仮数部が 0 の場合は無限大を意味する．さらに，符号ビットにより正の無限大と負の無限大を表すことができる．これらの詳細を表 **2·7** に示す．

表2·7　IEEE754 形式浮動小数点の詳細

指数部	仮数部	符号ビット	数値
0	0	0 or 1	0
0	0 以外	0 or 1	非正規化数
1 ～最大値 − 1	任意	任意	正規化数
最大値	0	0	正の無限大
最大値	0	1	負の無限大
最大値	0 以外	0 or 1	非数

なお，**正規化数**（normalized number）とは，$(1.XX)_2 \times 10^y$ のように正規化し

て表現されている数であり，**非正規化数**（denormalized number）とは正規化されていない数である．また，**非数**（not-a-number）とは**桁あふれ**（overflow）などにより正しく表現されていない数であり，計算機上では **NaN** と表記される．

2·5 情報理論

　情報はあいまいな量ではなく，正確な数値として取り扱うことができる．情報を理論的に取り扱う基礎を築いた人物が**クロード・シャノン**（Claude Elwood Shannon）であるため，シャノンの**情報理論**（information theory）と呼ばれる．シャノンは1/2の確率で生起する2つの事象のどちらか，つまり，0か1のどちらかが起こったという情報を1ビットと名付けた．これは計算機上で1桁の2進数を取り扱うのに必要な情報と一致する．そして，確率pで生起する事象が起こったという情報の量，つまり**情報量**（information content）を $-\log_2 p$（ビット）と定義した．

　たとえば，確率 $p=1/2$ の事象が起こったという情報量は，$-\log_2(1/2)=\log_2 2=1$（ビット）となる．さらに，複数の事象に対して，各事象の情報量と生起確率の積を全事象に対して総和することにより，情報量の平均，つまり**平均情報量**（average information content）を計算することができ，この平均情報量を**エントロピー**（entropy）と呼ぶ．たとえば，n個の事象があり，各事象の生起確率を p_i（$i=0,\ 1,\ \cdots,\ n-1$）とすると，エントロピー $H(p)$ は次式(1)で計算できる．なお，単位はビットである．

$$H(p) = -\sum_{i=0}^{n-1} p_i \log_2(p_i) \quad \text{ただし，} \sum_{i=0}^{n-1} p_i = 1 \tag{1}$$

　ちなみに，2事象のみで片方の生起確率がpであれば，他方の生起確率は必ず $1-p$ となるから，エントロピーは次式(2)となる．

$$H(p) = -p \log_2 p - (1-p)\log_2(1-p) \tag{2}$$

　また，情報量は**加法性**（additivity）が成立する．つまり，情報量は加算することができる．たとえば，サイコロを振って6の目が出たことを知ったときの情報量は $-\log_2(1/6)=\log_2 6$ であるが，これは最初にサイコロの目が偶数であることを知ったときの情報量 $-\log_2(1/2)=\log_2 2$ に，偶数の目（2，4，6）のうちの一つである6が出たことを知ったときの情報量 $-\log_2(1/3)=\log_2 3$ を加えた情報量

$\log_2 2 + \log_2 3 = \log_2 6$ に等しい.

なお, 2 事象があり, 片方の確率が必ず起こる場合 ($p = 1$) や, 決して起こらない場合 ($p = 0$) の情報量は $-1 \times \log_2(1) = -0 \times \log_2(0) = 0$(ビット)である. また, ともに等確率 ($p = 1 - p = 1/2$) の場合に最大値

$$-(1/2) \times \log_2(1/2) - (1 - 1/2) \times \log_2(1 - 1/2) = 1$$

を取る.

2·6 $\mid$ 情報の圧縮と誤り検出

2·6·1 情報の符号化

情報を効率よく伝達したり, あるいは蓄積したりするためには情報の**圧縮** (compression) を行う必要がある. 圧縮のための**符号** (code) を作成することを**符号化** (encoding) といい, 符号を元の状態に戻すことを**復号** (decoding) という. また, 圧縮された情報量の元の情報量に対する比率を**圧縮率** (compression rate) といい, 情報の偏りを利用すれば**平均符号長** (average code length) は, 理論的には平均情報量(エントロピー)まで下げることができる.

情報の偏りを利用して出現頻度の確率に応じて異なる長さの符号を割り当てることで, 平均符号長を短くする圧縮方法は**エントロピー符号化** (entropy coding) と呼ばれる. 事象 i の生起確率を p_i とすると, 事象 i には情報量である $-\log_2 p_i$ の長さをもつ符号を割り当てれば, 生起確率の高い事象ほど短い符号を割り当てることになり, 平均符号長を短くすることができる. しかしながら, 情報量は一般に整数とはならないため, エントロピーまで圧縮することはできない.

エントロピー符号化には**ハフマン符号** (Huffman code) や**算術符号** (arithmetic code) があり, 符号を短くする工夫がなされている. ハフマン符号は, 事象の生起確率に応じた**ハフマン木** (Huffman tree) と呼ばれる**木** (tree) を作成して符号を割り当てる. 一方, 算術符号は符号化の割り当て区間を $(0, 1)$ と定め, 生起確率の高い事象には 0 に近い**半開区間**[*1] (half-open interval) を, 生起確率の低い事象には 1 に近い半開区間を割り当て, 事象の生起確率に応じて割り当て区間を繰

[*1] 複数の事象に対する符号の重複割り当てを避けるため, 割り当て区間は片方が閉じ, 他方が開いている半開区間となっている. この場合, 厳密には**左閉半開区間**, あるいは**左閉右開区間**と呼ばれる.

り返し分割することで効率的な符号の割り当てを行う.

その他,電話回線を通じて文書を送付することのできる**ファクシミリ**(FAX:facsimile)で使用されている符号として**ランレングス符号化**(run-length coding)がある.たとえば,白黒の文書画像であれば各**画素**[*1](pixel)は 0 か 1 で構成されているため,画素の値(0 or 1)と連続する長さ(run-length)を符号化すれば,画素ごとに 0 or 1 を指定するよりも効率的な圧縮が可能となる.

情報を符号化により圧縮して伝送や蓄積した後,復号により再び元に戻す必要がある.符号化データを完全に元のデータへと複合できる圧縮を**可逆圧縮**(lossless compression),復号しても完全には元に戻らない圧縮を**非可逆圧縮**[*2](lossy compression)という.上記のハフマン符号,算術符号,およびランレングス符号は可逆圧縮である.

2·6·2 実用化圧縮方式

情報の圧縮にはさまざまな方式が存在するが,実用上もさまざまな形式が用いられている.たとえば,コンピュータのデータ保存には ZIP,LZH,CAB,TAR などが,画像の保存には BMP,PNG,GIF などが用いられる.一方,非可逆圧縮は完全に元のデータを復元することはできないが,圧縮率が高いため,画像や音声などの保存方法として使用され,静止画の圧縮には JPEG,動画の圧縮には MPEG,音声の圧縮には WMA や MP3 が用いられる.

静止画の圧縮に使用されている JPEG とは,Joint Photographic Experts Group の略であり,国際標準化機構(ISO)内に設置されたワーキンググループの名称である.基本的には静止画の非可逆圧縮方式であるが,可逆圧縮の Lossless JPEG や動画対応の Motion JPEG,さらには立体視対応の Stereo JPEG もある.また,動画の圧縮に使用されている MPEG も Moving Picture Experts Group の略で,JPEG 同様,ISO 内に設置されたワーキンググループの名称である.

基本的には動画の圧縮に用いられるが,音声対応の MPEG Audio もある.規格 も MPEG-2,MPEG-4,MPEG-7,MPEG-21 や MPEG Audio Layer-1,MPEG Audio Layer-2,MPEG Audio Layer-3 などさまざまであり,MPEG Audio Layer-3 は MP3 とも呼ばれている.

[*1] 画像を構成する要素.

[*2] 不可逆圧縮とも呼ばれる.

2·6·3 誤り検出と訂正

圧縮は情報の伝送や保存のために行われるが，情報を伝送する際，通信路において**雑音**（noise）が混入し，誤りが発生する．このため，少なくとも受信データに誤りがないかどうかを判断しなければならない．受信データにおける誤りの検出を**誤り検出**（error detection），誤りを訂正することを**誤り訂正**（error correction）という．圧縮は情報量を低減することが目的であったが，誤り検出には逆に誤りを検出するのに必要な情報を付加しなければならない．

誤り検出方法の一つとして**パリティ検査**（parity check）があり，パリティ検査に用いられる冗長なビットを**パリティビット**（parity bit）という．パリティ検査では，パリティビットを1ビット加えることで対象となる2進数データの1の数を偶数，あるいは奇数にする．パリティビットの付加により1の数を偶数にすることを**偶数パリティ**（even parity），奇数にすることを**奇数パリティ**（odd parity）という．

たとえば，送信すべき元データが8ビットで10101100であるとし，偶数パリティでデータを送信する場合，1の数はすでに4で偶数となっているから，パリティビットには0を設定して101011000の9ビットにする．逆に奇数パリティでデータを送信する場合は，パリティビットに1を設定し，元データを101011001として1の数を奇数にする．受信側ではパリティビットを含む9ビットのデータに含まれている1の数を調べ，偶数パリティであるにも関わらず1の数が奇数であればデータに誤りがあると検出することができる．

奇数パリティの場合も同様に，1の数が偶数であれば誤り検出が可能である．ただし，誤りは検出できても，パリティビットを含む9ビットの内どのビットが誤っているのかはわからないため，誤り訂正までは行えない．

2·6·4 2次元パリティ検査

パリティ検査を1次元から2次元に拡張することで誤り訂正は可能となる．たとえば，8ビットのデータにパリティビットを加えた9ビットのデータを8個送信し，さらに，パリティビットを含む送信データの各ビットに対応した9ビットのパリティデータも送信して，9×9の2次元配列データを調べることで，どのビットに誤りがあるのかがわかり，誤り訂正が可能となる．

このような検査を**2次元パリティ検査**（2 dimensional parity check）という．図**2·5**に一例を示す．図**2·5**に示す右端のビットは各行に記載されているデータ

行パリティ

```
0 1 0 1 0 0 1 0 | 1
1 0 1 0 1 1 0 0 | 0
0 1 1 0 0 0 0 0 | 1
0 1 1 0 1 0 1 1 | 1
0 1 0 1 0 0 1 1 | 0
1 0 1 0 1 1 1 1 | 0
0 1 1 1 0 0 1 1 | 1
─────────────────────
0 1 1 0 1 0 1 0 | 0
```

列パリティ

図2·5 2次元パリティ検査

の行パリティであり，最下層にあるデータはパリティビットを含む9ビットの各
ビット対応の列パリティである．図2·5では偶数パリティとしてデータを送信し
ているため，各行および各列における1の数は偶数でなければならないが，3行目
データの1の数は奇数であり，また，4列目データの1の数も奇数である．その他
の行および列における1の数はすべて偶数であるから，送信データの3行4列目に
ある点線の◌で囲む0が誤りであることがわかり，1に訂正することができる．

2·7 | 逆ポーランド記法

2·7·1 演算記法

　コンピュータのデータ格納構造には，**キュー**（queue）と**スタック**（stack）があ
る．キューとは先に入れたデータを先に出す **FIFO**（First In First Out）構造をも
ち，スタックは後で入れたものを先に出す **LIFO**（Last In First Out）構造をもつ．
また，キューにデータを入れることを**エンキュー**（enqueue），キューからデータ
を取り出すことを**デキュー**（dequeue）といい，スタックにデータを入れることを
プッシュ（push），スタックからデータを取り出すことを**ポップ**（pop）という．
　コンピュータではスタックを利用することで効率的な計算が可能となる．たとえ
ば，われわれの計算式では乗除算の計算が加減算の計算よりも優先順位が高いため，

加減算を乗除算よりも先に行うためには括弧（ ）を用いる．しかしながら，コンピュータの計算では式の途中に括弧があるからといって括弧を先に計算することはしない．コンピュータは，つねに与えられた命令にしたがい，順に計算を行う．したがって，括弧を用いず与えられた式の順にしたがって計算する記法が必要となる．

このような計算の記法は**逆ポーランド記法**（reverse Polish notation）と呼ばれ，スタックを利用することで実現できる．逆ポーランド記法は ＋ や × などの演算子を演算対象となる数字（被演算子）の後に記載することから**後置記法**（postfix notation）とも呼ばれる．これに対してわれわれが通常行う計算，つまり $3＋4$ などは演算子である ＋ を被演算子である 3 と 4 の中間に置くことから**中置記法**（infix notation）と呼ばれる．

ちなみに，**ポーランド記法**（Polish notation）では演算子を被演算子の前に置くことから，**前置記法**（prefix notation）と呼ばれ，コンピュータの計算方法がポーランド記法とは逆の配置になっているため，逆ポーランド記法と呼ばれている．

2·7·2　中置記法から逆ポーランド記法への変換

通常の算式（中置記法）から逆ポーランド記法への変換アルゴリズムは以下のとおりである．

① 中置記法の左から順に記号を取り出して X とする．
② X が被演算子であれば，スタックに入れずに逆ポーランド記法へ出力する．
③ X が演算子であれば，スタックに格納されている演算子を取り出して Y とする．
④ X と Y の優先順位を比較し，X のほうが Y よりも優先順位が高ければ，X をスタックにプッシュする．ただし，（ の優先順位は考えず，自動的にスタックへプッシュする．また，スタックの最上位に（ があれば，次の演算子も自動的にスタックへプッシュする．
⑤ 逆に Y のほうが X よりも優先順位が高ければ，Y をポップして逆ポーランド記法へ出力し，X はスタックへプッシュせずに中置記法へ戻す．ただし，Y が）であれば（ と ）の間にあるスタック内の演算子をポップして逆ポーランド記法へ出力し，（ と ）は捨てる．
⑥ ①～⑤を繰り返し，中置記法から取り出す記号 X がなくなったら，スタックに格納されている演算子 Y を順にポップして，逆ポーランド記法へ出力

する.

なお，演算子の優先順位は）, ＊と /[*1], ＋ と −, ＝, スタック内の空であり，
（の優先順位は考えない.

上記変換アルゴリズムにしたがって中置記法から逆ポーランド記法へ変換例を図
2・6に示し，図の Step にしたがって変換方法を説明する.

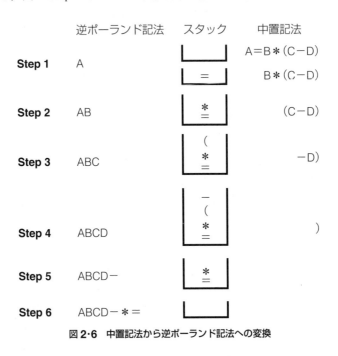

図2・6　中置記法から逆ポーランド記法への変換

Step 1　最初に取り出した記号 X は A という被演算子であるから，②にしたがっ
て逆ポーランド記法へ出力し，次に取り出した記号 X は ＝ という演算子であ
り，スタック内にある演算子 Y は空であるから，＝ のほうが空よりも優先順位
が高いため，④にしたがって ＝ をスタックへプッシュする.

Step 2　B は被演算子であるから，②にしたがって逆ポーランド記法へ出力し，
＊は ＝ よりも優先順位が高いため，④にしたがってスタックへプッシュする.

[*1]　本節の記法では乗算に＊，除算に / を用いる．また，＊と /, ＋ と − の優先順位は同じであ
り，記法の左側にある演算子が優先される.

Step 3 （の優先順位は考えず，④ にしたがって自動的にスタックへプッシュし，C は被演算子であるから，逆ポーランド記法へ出力する．

Step 4 中置記法から取り出した X は － であるが，このときスタックの最上位には（があるため，④ にしたがって － をスタックへプッシュする．また，D は被演算子であるため，逆ポーランド記法へ出力する．

Step 5 ）は最も優先順位が高いためスタックにプッシュするが，⑤ にしたがい，）をプッシュすると（と）の間にあるスタック内の演算子 － をポップして逆ポーランド記法へ出力し，（と）は捨てる．

Step 6 中置記法から取り出す記号がなくなったので，⑥ にしたがい，スタックに格納されている演算子をポップして逆ポーランド記法へ出力する．

2·7·3　逆ポーランド記法から中置記法への変換

逆ポーランド記法から中置記法への変換アルゴリズムは以下のとおりである．

① 逆ポーランド記法の左から順に記号を取り出して X とする．

② X が被演算子であればスタックにプッシュする．

③ X が演算子であれば，スタックの上位に格納されている 2 つの被演算子との間で演算を行い，演算結果を再びスタックへプッシュする．ただし，2 つの被演算子のうち，下位の被演算子を左に，上位の被演算子を右にして演算を行う．また，演算結果を再びスタックへプッシュする際には（ ），［ ］，｛ ｝ などの括弧を付けておく．

④ ① ～ ③ を繰り返す．

⑤ 逆ポーランド記法から取り出す記号がなくなったら終了．スタック内にある記法が中置記法に変換されている．

⑥ 演算結果をスタックにプッシュする際に括弧を付けたので，不要な括弧は削除しておく．

　上記変換アルゴリズムにしたがった逆ポーランド記法から中置記法への変換例を図 **2·7** に示し，図の Step にしたがって変換方法を説明する．

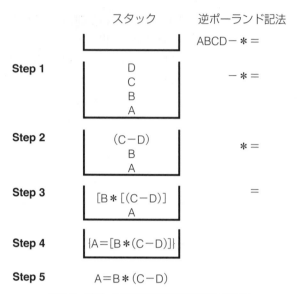

図2·7　逆ポーランド記法から中置記法への変換

Step 1 逆ポーランド記法から取り出した記号 X はすべて A，B，C，D という被演算子であるため，②にしたがってスタックにプッシュする.

Step 2 逆ポーランド記法から取り出した記号 X は − という演算子であるため，③にしたがってスタックの上位2つの被演算子である C と D を用い，スタックの下位にある被演算子 C を左に，スタックの上位にある被演算子 D を右にして演算を行い，演算結果を再びスタックへプッシュする. なお，演算結果を再びスタックへプッシュする際に括弧（　）を付けておく.

Step 3 上記同様，B を左，(C−D) を右にして＊の演算を行い，演算結果に括弧 [　] を付けて再びスタックへプッシュする.

Step 4 上記同様，A を左，[(B＊(C−D)] を右にして ＝ の演算を行い，演算結果に括弧 {　} を付けて再びスタックへプッシュする.

Step 5 逆ポーランド記法から取り出す記号がなくなったため，スタックには変換された中置記法がある. ただし，⑥にしたがって，不要な括弧は削除する.

2·8 ｜ 正規表現とワイルドカード

2·8·1 正規表現

コンピュータを用いてさまざまな情報を検索する際，**正規表現**（regular expression）を知っておくと便利である．正規表現とは文字列を簡易的，かつ統一的に扱う表現方法である．たとえば，「computer」を含む文字列には，「computer simulation」，「computer graphics」，「computer vision」などがあり，これらを統一的に検索したい場合がある．あるいは，「computer」を含む用語として，ほかにどんな用語があるのかを知りたいことがある．また，「computer architecture」などの用語もあるが，このような用語を知らない場合でも正規表現を用いればデータベースから「computer」で始まる用語を調べることができる．

一方，「function」という単語を最後にもつ用語を知りたいこともある．たとえ

表 2·8 正規表現

記号	意味	使用例
.(period)	任意の 1 文字	t.ll は tell，toll，tall などの表現
*(asterisk)	直前文字の反復（0 回以上）	ta*lk は tlk，talk，taalk，taaalk などの表現
+(plus)	直前文字の反復（1 回以上）	ta+lk は talk，taalk，taaalk などの表現（tlk は除外）
（ ）+	（ ）文字列の反復（1 回以上）	(talk)+ は talk，talktalk，talktalktalk などの表現
?(question mark)	直前文字の省略	talks? は talk，talks の表現
[ ]	[ ] 内の 1 文字	t[eoa]ll は tell，toll，tall の表現，t[a−c]ll は tall，tbll，tcll の表現
[^]	[ ] 内以外の 1 文字	t[^eoa]ll は tell，toll，tall 以外の t.ll の表現
{｜}	｜で区切られたいずれかの文字	{compute | calculate | process} は compute，calculate，process のいずれか
¥t，¥n，¥¥	タブ，改行，¥ の記号	10¥t100 は 10　　　100，¥¥100 は ¥100 の表現
¥w，¥W	英数字 or _ の 1 文字，それ以外	talk¥wabout は talk_about など，talk¥Wabout は talk?about など
¥d，¥D	数字 1 文字，数字以外の 1 文字	No¥d は No1 など，No¥D は No! など
¥s，¥S	空白 1 文字，それ以外の 1 文字	talk¥sabout は talk about など，talk¥Sabout は talksabout など
^	行頭の文字列	^comp は computer，compiler，comparison などを含む行の表現
$	行末の文字列	$tion は computation，translation，acceleration などで終わる行の表現

ば, 「linear function」, 「spline function」などある. この場合は「function」が最後に来る用語を検索することになる. あるいは, 「target」, 「cargo」, 「arrival」などの単語には「ar」という2文字が共通に使用されているが, 単語の最初に使用されていたり, 途中に使用されていたりとさまざまである.

　正規表現は, このようなあいまいな情報を基に検索するための有効な手段である. 主に使用される正規表現の記号と意味, さらには使用例を表 2·8 に示す.

2·8·2 ワイルドカード

　正規表現を利用するとあいまいな部分を残したまま情報を検索することができる. また, コンピュータで情報検索する際, 一般的には**ワイルドカード**(wild card)を使用することが多い. しかしながら, 正規表現とワイルドワードは非常によく似ているが, 実は使用方法が異なり, また, 実用上, 正規表現とワイルドカードが混同して使用されることが多いため, 使用には注意が必要である. 表 2·9 に正規表現とワイルドワードの違いを表示し, 具体例を示す.

表 2·9　正規表現とワイルドカードの違い

正規表現	ワイルドワード	意味
.*	*	0以上の任意の長さの文字列
.	?	任意の1文字
[　]	[　]	[　]内の1文字. 同一表現
[^　]	[!　]	[　]内以外の1文字
{|}	{,}		あるいは, で区切られたいずれかの文字

　たとえば, あるディレクトリに file1, file100, temp, tempfile という4つのファイルがある場合, UNIX 系 OS でディレクトリのリストを表示するコマンドである ls を入力すると,

```
$ ls
file1  file100  temp  tempfile
```

とすべてのファイル名が表示される. なお, $ はシェルの入力プロンプトであり, # と表示されることもある. この状態で

```
$ ls *file*
```

と入力すると,

```
file1   file100   tempfile
```

と表示される. つまり,「file」の前後にある文字列を省略して入力することができる. また,

```
$ ls *temp*
```

と入力すると,

```
temp   tempfile
```

と表示され, temp という文字列を含むファイル名が表示される. さらに,

```
$ ls file?
```

と入力すると,

```
file1
```

と「file」という文字列の後に 1 という 1 文字のみを含むファイル名のみが表示される. この場合,

```
$ ls file.    $ls file.*   $ ls file.?
```

と入力しても何も表示されないから, 正規表現ではなくワイルドカードを用いる必要がある.

しかしながら, UNIX 系 OS で標準出力を別の標準入力に接続する「パイプ」という機能を利用すると, ワイルドカードだけではうまく表示することができないことがある. たとえば, 文字列検索コマンドである grep を利用して

```
$ ls | grep file*
```

と入力しても何も表示されない. この場合は,

```
$ ls | grep file.
```

と「file」の後に . (period) を付けて入力すると,

```
mukai@peacock ~
$ ls
file1  file100  temp  tempfile

mukai@peacock ~
$ ls *file*
file1  file100  tempfile

mukai@peacock ~
$ ls *temp*
temp  tempfile

mukai@peacock ~
$ ls file?
file1

mukai@peacock ~
$ ls file.
ls: 'file.' にアクセスできません : No such file or directory

mukai@peacock ~
$ ls file.*
ls: 'file.*' にアクセスできません : No such file or directory

mukai@peacock ~
$ ls file.?
ls: 'file.?' にアクセスできません : No such file or directory

mukai@peacock ~
$ ls | grep file*

mukai@peacock ~
$ ls | grep file.
file1
file100

mukai@peacock ~
$ ls | grep file?
file1
file100

mukai@peacock ~
$ ls | grep file.*
file1
file100
tempfile

mukai@peacock ~
$ ls *file*
file1  file100  tempfile

mukai@peacock ~
$ ls | grep file
file1
file100
tempfile
```

図2·8 ワイルドカードの使用例

```
file1  file100
```

が表示される．つまり，ワイルドカードではなく，正規表現が用いられる．

正規表現で period は本来，1文字のみの省略であるから，file1 のみのはずであるが，file100 も表示される．これは，

```
$ ls | grep file?
```

と入力しても同じである．つまり，パイプを使用すると，．(period) と？は＊と解釈される．また，

```
$ ls | grep file.*
```

と file の後に．(period) と＊ (asterisk) を付けて入力すると，

```
file1  file2  tempfile
```

と表示され，

```
$ ls *file*
```

と同じ結果が得られる．結局，grep は対象文字列を含む単語を抽出するコマンドであるから，

```
$ ls | grep file
```

としても同じ結果が得られる．これら一連の様子を示すと図 2·8 のようになる．なお，mukai はユーザ名，peacock はコンピュータ名である．

2章 | 練習問題

問題2·1 $(42)_{10}$ を2進数，4進数，8進数，および16進数で表しなさい．

問題2·2 符号付2進数 $(11001010)_2$ を10進数に変換しなさい．

問題2·3 JIS規格コードで $(08)_{16}$ は何を意味するか？

問題2·4 IEEE 754単精度の浮動小数点で表現された次の数を10進数にしなさい．

0	01111110	10000000000000000000000

問題2·5 晴れ，くもり，雨の確率がそれぞれ，1/4，1/2，1/4であると仮定すると，エントロピーはいくらになるか？

問題2·6 $X = (A + B) * (C - D)$ を逆ポーランド記法に変換しなさい．

問題2·7 $YAB/CD * - =$ を中置記法に変換しなさい．

問題2·8 hat, bat, cat を正規表現で表しなさい．

問題2·9 passion と pension を正規表現で表しなさい．

問題2·10 prepare, precise など pre で始まる単語を調べたいときのワイルドカードを用いた表記は？

03

ハードウェア構成

本章では電子計算機のハードウェア構成について学習する．計算機の動作はすべて0か1の2値の組合せで成り立っており，2値を対象とした代数学を基にして計算機の回路は構成されている．また，回路を構成するスイッチング装置はトランジスタであり，トランジスタを基にして構成される加算器や記憶の回路についても学習する．

3·1 論理代数

3·1·1 命題論理

計算機内ではすべての操作を0か1の2値で制御する．そこで，1を真，0を偽とすると**命題**（proposition）を扱うことができる．命題とは，論理学における真偽を文章で表したものであり，真と偽が明確に定義できる文章である．

たとえば，「バラの花は植物である」という文章は正しいから「真の命題」である．一方，「バラの花は動物である」という文章は誤りであるから「偽の命題」である．しかしながら，「バラの花は美しい」という文章は真偽を判断することはできない．「美しい」ということを客観的に判断することはできないからである．したがって，「バラの花は美しい」という文章は命題ではない．

数学的には命題を式として表現することで論理学として扱うことができる．このように，命題を式，あるいは記号としてとらえ，論理演算を施すことで命題の結合を把握する論理は**命題論理**（propositional logic），あるいはコンピュータ分野における代数体系の基礎を形式化した**ジョージ・ブール**（George Boole）にちなんで**ブール論理**（boolean logic）と呼ばれる．

命題論理，あるいはブール論理では命題を式，あるいは記号として表現し，式や

記号間の演算を代数としてとらえることから，この代数学を**論理代数**（algebra of logic），あるいは**ブール代数**（boolean algebra）と呼ぶ．

3·1·2 論理演算と真理値表

論理代数，あるいはブール代数では，式，あるいは記号間で**論理演算**（logical operation）を行う．また，基本的な論理演算に，**論理積**（AND），**論理和**（OR），および**論理否定**（NOT）がある．

論理演算を表す記号として論理積は・，論理和は ＋，論理否定は ‾ を用い，命題を A および B として表記すると，論理積は $A·B$，論理和は $A+B$，論理否定は $\overline{A}$ となる．また，各命題の真偽と論理演算した結果の真偽の関係を表す表として，**真理値表**（truth table）が用いられる．論理積，論理和，および論理否定の真理値表を表 3·1 に示す．

表 3·1 真理値表（AND, OR, NOT）

（ a ） 論理積（$X = A·B$）

A	B	X
0	0	0
0	1	0
1	0	0
1	1	1

（ b ） 論理和（$X = A + B$）

A	B	X
0	0	0
0	1	1
1	0	1
1	1	1

（ c ） 論理否定（$X = \overline{A}$）

A	X
0	1
1	0

3·1·3 論理演算の図的表現

表 3·1 の論理演算を図で表現すると，図 3·1 のようになる．このような図はジョン・ベン（John Venn）によって考案されたため，考案者にちなんで**ベン図**（Venn diagram）と呼ばれる．ただし，ベンの表し方は，要素が存在しない領域を斜線で示していたため，図 3·1 における斜線とは意味が異なる．これに対して，**レオンハルト・オイラー**（Leonhard Euler）は要素が存在する領域を斜線で示し，要素が存在しない領域は何も示さないか，もともと図には現れないと考えていたため，図 3·1 の表し方と一致する．その意味で図 3·1 のような図を**オイラー図**（Euler diagram）と呼ぶこともあるが，一般的に図 3·1 のような図も含めてベン図と呼ばれる．

図 3·1 では一つの命題，あるいは**集合**（set）を円で表現したが，円で表現でき

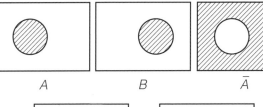

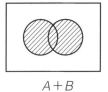

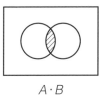

図3·1　2変数のベン図

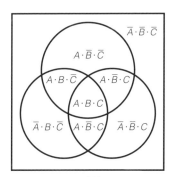

図3·2　3変数のベン図

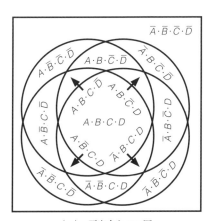

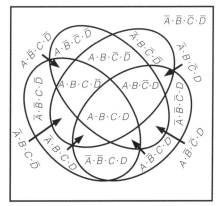

（a）　不完全なベン図　　　　　　（b）　完全なベン図

図3·3　4変数のベン図

るのは 3 集合までの論理式であり，4 集合以上の論理式は楕円などの**閉曲線**（closed curve）を用いる必要がある．3 変数のベン図を図 **3・2** に，4 変数のベン図を図 **3・3** に示す．

図 **3・3** は 4 変数のベン図であるから，領域は $2^4 = 16$ 必要であるが，4 つの円で描くと領域は 14 しか書くことができない．つまり，図 **3・3**（**a**）では対角要素の論理積である，$\overline{A} \cdot B \cdot C \cdot \overline{D}$ と $A \cdot \overline{B} \cdot \overline{C} \cdot D$ が表現できていない．

3・1・4 論理代数の基本則

論理代数では論理演算を組合せることで，**論理式**（logical formula），あるいは**論理関数**（logical function）を作ることができる．次に，論理代数における基本則を示す．

① 同一則：$A + A = A, \quad A \cdot A = A$
② 補元則：$A + \overline{A} = 1, \quad A \cdot \overline{A} = 0$
③ 恒等則：$A + 1 = 1, \quad A \cdot 1 = A, \quad A + 0 = A, \quad A \cdot 0 = 0$
④ 復元則：$\overline{\overline{A}} = A$
⑤ 交換則：$A + B = B + A, \quad A \cdot B = B \cdot A$
⑥ 結合則：$A + (B + C) = (A + B) + C, \quad A \cdot (B \cdot C) = (A \cdot B) \cdot C$
⑦ 分配則：$A \cdot (B + C) = A \cdot B + A \cdot C$
⑧ 吸収則：$A + A \cdot B = A, \quad A \cdot (A + B) = A$
⑨ ド・モルガンの法則：$(\overline{A + B}) = \overline{A} \cdot \overline{B}, \quad (\overline{A \cdot B}) = \overline{A} + \overline{B}$

上記法則を見ると，$+$ と $\cdot$，あるいは 0 と 1 を入れ替えても法則は成立する．たとえば，同一則は $+$ と $\cdot$ を入れ替えても成立するし，補元側は $+$ と $\cdot$，0 と 1 を入れ替えると成立する．このような性質を**双対性**（duality）と呼ぶ．

3・2 | 論理回路

3・2・1 基本的な論理回路

基本的な論理演算は論理積（AND），論理和（OR），および論理否定（NOT）であるが，論理回路を作成する上で重要な次の論理演算を考える．

① NAND：$(\overline{A \cdot B})$

② NOR：$(\overline{A + B})$

③ XOR：$A \oplus B = \overline{A} \cdot B + A \cdot \overline{B}$

　なお，XOR は**排他的論理和**（eXclusive OR）と呼ばれる．上記論理演算の真理値表を表 **3·2** に示す．また，確認のために XOR の定義式にしたがった真理値表を表 **3·3** に示す．

表 **3·3**   **真理値表**（NAND, NOR, XOR）

（ａ）　NAND$(X = \overline{A \cdot B})$

A	B	X
0	0	1
0	1	1
1	0	1
1	1	0

（ｂ）　NOR$(\overline{A + B})$

A	B	X
0	0	1
0	1	0
1	0	0
1	1	0

（ｃ）　XOR$(A \oplus B)$

A	B	X
0	0	0
0	1	1
1	0	1
1	1	0

表 **3·3**   **真理値表**（定義式にしたがった XOR）

A	B	$\overline{A}$	$\overline{B}$	$\overline{A} \cdot B$	$A \cdot \overline{B}$	$\overline{A} \cdot B + A \cdot \overline{B}$
0	0	1	1	0	0	0
0	1	1	0	1	0	1
1	0	0	1	0	1	1
1	1	0	0	0	0	0

3·2·2　ゲート記号

　論理演算を行う演算子は**論理素子**（logic element），あるいは**論理ゲート**[*1]（logic gate）と呼ばれ，図 **3·4** で示す記号が用いられる．

　NOT が単独で使用される場合は，**増幅器**（amplifier）を意味する三角形記号も使用されるが，NAND や NOR など AND や OR の否定として用いられる場合は

[*1]　米軍の物資調達に使用される MIL 規格（United States Military Standard）の MIL-STD-806 により規定されているため，MIL 論理記号と呼ばれる．現在は ANSI（American National Standards Institute：米国国家規格協会）/IEEE-SA（The Institute of Electrical and Electronics Engineers Standards Association）や JIS（Japanese Industrial Standards：日本産業規格）でも規格化されている．

○のみを使用する．なお，NANDやNORには2種類の記号が存在するが，これはド・モルガンの法則から同じものであることがわかる．

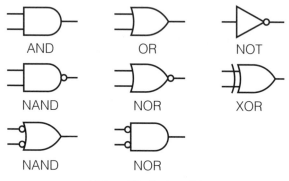

図3·4 論理ゲートの記号

3·3 | スイッチング素子

3·3·1 真空管

論理ゲートは入力信号に対して論理演算を行った結果を出力する素子であり，これらの素子は論理演算の結果により0と1を切り替える．また，0は電流が流れていない状態，1は電流が流れている状態であり，このように0と1を切り替える素子は**スイッチング素子**（switching element）と呼ばれ，**真空管**（vacuum tube），**リレー**（relay），**トランジスタ**（transistor）がある．

真空管とは，真空状態にした管の中に電極を挿入し，**陰極**（cathode）から**陽極**（anode）に流れる電流を制御することでスイッチングを行う素子である．最初に発明されたのは**二極真空管**（diode）である．二極真空管では陰極側の**フィラメント**（filament）電極に電流を流すとフィラメントが熱せられて熱電子が放出し，陽極側の**プレート**（plate）に正電圧をかけると熱電子がフィラメントからプレートに移動することで電流が流れる．

一方，プレートに負電圧をかけるとフィラメントとプレートが反発して電流は流れない．このようにしてスイッチングを行う．二極真空管は**ダイオード**（diode）と呼ばれていたが，今日では同じ機能をもつ**半導体**（semiconductor）素子を**半導体ダイオード**（semiconductor diode），あるいは単にダイオードと呼ぶ．

次に発明されたスイッチング素子は**三極真空管**（triode）であり，三極真空管ではフィラメントとプレートの間に**グリッド**（grid）と呼ばれる網状の電極を挿入し，グリッドに与える電圧によりフィラメントからプレートへの電流を制御する．その他，グリッドを工夫することにより，**四極真空管**（tetrode）や**五極真空管**（pentode）も発明されている．

3·3·2 リレー

スイッチング素子としてリレーも用いられる．リレーはコイルに電流を流すことで磁界を発生させ，磁場の吸引力により機械的にスイッチを ON/OFF する素子である．電気のスイッチを入れると，電流の流れに応じて回路内のスイッチが次々にオンされていくことから，**継電器**（relay）とも呼ばれている．

リレーは弱い電流で確実なスイッチングを行うことができ，また，DC 電源で AC 電源のスイッチングを行ったり，あるいは，一つの入力で複数のスイッチングを行ったりすることができるという利点もあるが，機械的なスイッチを用いるために耐久性が弱いという欠点もある．

3·3·3 バイポーラトランジスタ

真空管は真空の管が，また，リレーは機械的なスイッチが必要であることから小型化は困難であり，近年ではスイッチング素子として半導体を利用したトランジスタが主に用いられている．

半導体とは，電気伝導性のよい**導体**（conductor）と電気抵抗率の高い**絶縁体**（nonconductor）の中間的な性質をもつ物質であり，**N 型半導体**（negative semiconductor）と **P 型半導体**（positive semiconductor）の 2 種類がある．

N 型半導体とは電荷を運ぶキャリアとして**電子**（electron）が使用される半導体であり，P 型半導体とは電荷を運ぶキャリアとして**正孔**（positive hole）が使用される半導体である．なお，正孔とは電子が不足した状態を意味し，正の電荷をもつ孔として考えられている．この N 型半導体と P 型半導体を接合することで作成するトランジスタは電子と正孔という 2 種類のキャリアによる働きでスイッチング機能を果たすため，**バイポーラトランジスタ**（bipolar transistor）と呼ばれる．

つまり，バイポーラトランジスタとは，正負両極をもつトランジスタのことである．NPN 接続のバイポーラトランジスタを図 **3·5** に示す．図に示すように，コレクタ（C）側を正，エミッタ（E）側を負に加圧すると最初に微弱な電流は流れる

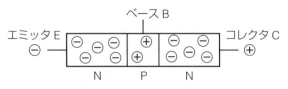

図3·5 NPN型トランジスタ

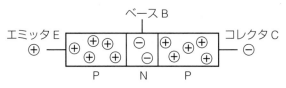

図3·6 PNP型トランジスタ

が，正孔のあるP型半導体が薄いため，電流はすぐに停止する．この状態でベース（B）を正に加圧すると，エミッタ（E）側の電子がベース（B）側に流れると同時に，P型半導体が薄いため，コレクタ（C）側にも流れる．つまり，電流はコレクタ（C）側からエミッタ（E）側に流れることになり，ベース（B）電圧のON/OFFにより電流ON/OFFのスイッチングを行うことができる．

　なお，PNP接続のバイポーラトランジスタの場合は図3·6に示すように，電源の極性を逆，つまり，エミッタ側を正，コレクタ側を負にして，ベースを負に加圧すれば同様にスイッチングを行うことができる．

3·3·4　ユニポーラトランジスタ

　バイポーラトランジスタは電子と正孔の2種類のキャリアでスイッチングを行うが，正負どちらかのキャリア，つまり，電子か正孔のみの働きでスイッチング機能を果たすトランジスタは，正あるいは負どちらかの極しかもたないため，**ユニポーラトランジスタ**（unipolar transistor）と呼ばれる．

　ユニポーラトランジスタの代表例である**電界効果トランジスタ**（FET：Field Effect Transistor）を図3·7に示す．図に示すように，電界効果トランジスタはボディと呼ばれる半導体チップ基板の上に，金属（Metal），酸化物（Oxide），および半導体（Semiconductor）を配置しているため，各構成要素の頭文字を取って，**MOS電界効果トランジスタ**（MOS FET）とも呼ばれる．

　ソースはボディに接続されており，アース電圧をもつ．また，ドレインには正の電圧をかける．この状態で電流は流れない．そこで，ゲートに正の電圧をかけると

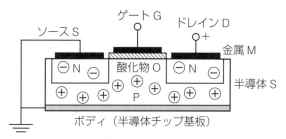

図3·7　電界効果トランジスタ（NMOSFET）

ソースの電子がゲートに流れるが，ゲートのP型半導体は非常に薄いため，電子の一部はドレインにも流れる．つまり，電流はドレインからソースへと流れてスイッチがONの状態になる．一方，電圧をゼロに戻すと，電子の流れは停止して電流は流れなくなるため，スイッチはOFFの状態となる．このようにしてスイッチングを行うMOSFETは **N型チャネルMOSFET**（NMOSFET）と呼ばれる．

　一方，図 **3·8** に示すように，N型とP型の半導体を逆に配置したMOSFETは **P型チャネルMOSFET**（PMOSFET）と呼ばれ，ゲートに負の電圧をかけるとソースの正孔がゲートに流れるとともに，一部の正孔がドレインにも流れることでソースからドレインに電流が流れてスイッチはONの状態となる．もちろん，ゲートの電圧をゼロに戻すと，電流は停止してスイッチはOFFの状態となる．

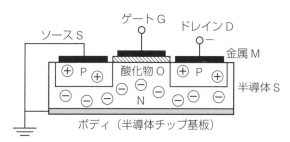

図3·8　電界効果トランジスタ（PMOSFET）

3·3·5　トランジスタを用いた回路設計

　NMOSFETを用いて図 **3·9(a)** のような回路を組む．ゲートを入力 A とし，ドレインDに抵抗を付けて出力 X とする．ゲートに正の電圧を加える(論理でいえば1とする) とスイッチはONとなり，ドレインからソースへと電流は流れるが，ド

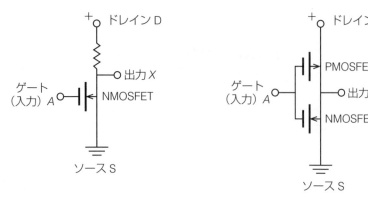

（ a ） NMOSFET のみを用いた回路 　　（ b ） NMOSFET と PMOSFET を用いた回路

図3·9　NMOSFET を用いた NOT 回路

レインと出力の間には抵抗があり，電圧降下が起こる．

　一方，出力とソースの間には抵抗がないため，出力はソースと同じ電位（論理で いえば 0）となる．逆に，ゲートに電圧を加えない（論理でいえば 0 とする）と，ス イッチは OFF となり，ドレインからソースへの電流は流れないが，ドレインから 出力へは多少の電圧降下をともないながら電流が流れるため，出力は正（論理でい えば 1）となる．

　このことを真理値表で表すと表 3·1(c)となり，NOT 回路が実現できる．同様に して NAND 回路や NOR 回路も実現することができる（練習問題 3·2）．しかしな がら，図 3·9(a)のような回路ではドレインと出力の間に抵抗を付ける必要がある ため，スイッチが OFF の状態でも常に電流が流れるため，電力を消費することに なる．そこで，NMOSFET と PMOSFET の両方を用いて図 3·9(b)に示す回路を 考える．図 3·9(b)ではゲートが ON（論理で 1）のとき，NMOSFET が ON とな り，出力はソースと同じ電圧（論理で 0）となる．一方，ゲートが OFF（論理で 0） のとき，PMOSFET が ON となり，出力はドレインと同じ電圧（論理で 1）となる ため，NOT 回路が実現できる．しかも，図 3·9(a)のようにドレインと出力の間に 抵抗がないため，消費電力を抑えることができる．このように構成されるスイッチ ング回路は **CMOS トランジスタ**（Complementary MOS transistor）と呼ばれる． もちろん，CMOS を用いて，NAND や NOR の回路も構成することができる（練 習問題 3·3）．

3·4 | 回路設計

3·4·1 排他的論理和の回路

排他的論理和（XOR）の回路を考える．排他的論理和の定義は下記のとおりであるから，回路図は図 **3·4** の論理ゲートを用いると図 **3·10** となる．

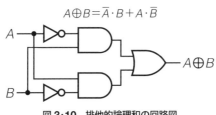

$$A \oplus B = \overline{A} \cdot B + A \cdot \overline{B}$$

図 **3·10** 排他的論理和の回路図

　回路図を描くと，多くの**結線**（connection line）が登場する．回路の基板は3次元構造をもつため，結線を交わりのないように配置することは可能であるが，3次元的な回路構造を2次元上に描くことは困難である．そこで，図 **3·10** に示すように，結線の交点のみに ● を描く．つまり，● のある交点は結線が交わっている個所であり，● がなければ結線は交わっていないことを意味する．

　排他的論理和は論理式が定義されているため，論理式にしたがって回路を構成することは可能であるが，一般に回路の論理式が示されていないことも多い．しかしながら，回路は入力と出力によって決定されるから，少なくとも真理値表は存在する．したがって，一般的には真理値表から回路の論理式を求めて回路図を描く必要がある．排他的論理和の真理値表は表 **3·2**(**c**)に示すように，下記表 **3·4** となる．

表 **3·4** 排他的論理和の真理値表

A	B	X	
0	0	0	
0	1	1	$\overline{A} \cdot B$
1	0	1	$A \cdot \overline{B}$
1	1	0	

　真理値表からは以下の手順により回路の論理式を求めることができる．

論理式の導出手順

① 真理値表の出力が1の行を論理否定と論理積で実現する（0の項を論理否定して全項を論理積で結合する）.

② 上記式を論理和で結合する.

表3·4で出力（X）が1の行は2行目と3行目であるから，2行目を論理否定と論理積で結合すると $\overline{A}\cdot B$ となり，同様に3行目を論理否定と論理積で結合すると $A\cdot\overline{B}$ となる. したがって，これらの項をすべて論理和で結合すると $\overline{A}\cdot B+A\cdot\overline{B}$ となり，排他的論理和の論理式を導くことができる.

3·4·2 多数決回路

論理式の導出手順にしたがい，表3·5に示す真理値表をもつ多数決回路を考える. 多数決であるから，入力は3以上の奇数でなければならない.

表3·5 多数決回路の真理値表

A	B	C	X	
0	0	0	0	
0	0	1	0	
0	1	0	0	
0	1	1	1	$\overline{A}\cdot B\cdot C$
1	0	0	0	
1	0	1	1	$A\cdot\overline{B}\cdot C$
1	1	0	1	$A\cdot B\cdot\overline{C}$
1	1	1	1	$A\cdot B\cdot C$

入力となる A, B, および C は0あるいは1を取る変数であるから，ABC を3ビットの2進数と考えて0から順に入力値を設定すると過不足なく入力を設定することができる. 上記「論理式の導出手順」にしたがい，出力（X）が1となる項を論理否定と論理積で実現すると，表3·5の右に記載したとおりとなる. したがって，多数決回路の論理式は下記となる.

$$X=\overline{A}\cdot B\cdot C+A\cdot\overline{B}\cdot C+A\cdot B\cdot\overline{C}+A\cdot B\cdot C$$

上記論理式を基に回路を設計することはできるが，このままでは多くのゲートを

必要とする．そこで最小限のゲート数となるように論理式を**簡単化**（simplification）する．**3·1**節の法則を利用すると，上記論理式は次のように変形することができる．

$$X = \overline{A} \cdot B \cdot C + A \cdot \overline{B} \cdot C + A \cdot B \cdot \overline{C} + A \cdot B \cdot C$$
$$= \overline{A} \cdot B \cdot C + A \cdot \overline{B} \cdot C + A \cdot B \cdot \overline{C} + 3(A \cdot B \cdot C)$$
$$= A \cdot B \cdot (C + \overline{C}) + (A + \overline{A}) \cdot B \cdot C + A \cdot (B + \overline{B}) \cdot C$$
$$= A \cdot B + B \cdot C + C \cdot A$$

　したがって，多数決回路の回路図は図**3·11**のとおりとなる．簡単化前後の回路を比較すると，論理否定も含めて簡単化前は7つのゲートが必要であったのに対し，簡単化後ではたった4つのゲートで回路を設計することができる．ゲート数が少ないほどコスト低減となり，また高速化にも繋がるため，できるだけ論理式を簡単化して回路を設計することが重要である．

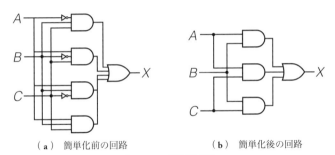

（ａ）　簡単化前の回路　　　　（ｂ）　簡単化後の回路

図3·11　多数決回路

3·4·3　加算回路

　2章で学習した2進数の加算回路について考える．2章では2の補数を考える際，桁上がりを無視していたが，ここでは桁上がりを考慮した加算回路を設計する．最も単純な加算は1ビットの加算であるから，1ビットの2数（AとB）の加算における結果（S）と桁上がり（C）の真理値表は表**3·6**のとおりとなる．

　したがって，「論理式の導出手順」にしたがうと，SとCは次のとおりとなる．

表3·6　1ビット加算の真理値表

A	B	S	C
0	0	0	0
0	1	1	0
1	0	1	0
1	1	0	1

$$S = \overline{A} \cdot B + A \cdot \overline{B} = A \oplus B, \quad C = A \cdot B$$

次に，n 桁の加算を考える．桁上がりを考慮するため，i $(0 \leq i \leq n)$ 桁目の加算は i 桁目の入力 A_i と B_i だけでなく，$i-1$ 桁目の加算結果における桁上がり C_{i-1} も考えなければならない．さらに，出力は i 桁目の結果 S_i と桁上がり C_i になる．つまり，3入力2出力の回路となり，真理値表は表 **3·7** となる．

表 3·7 i 桁目の加算

A_i	B_i	C_{i-1}	S_i	C_i
0	0	0	0	0
0	0	1	1	0
0	1	0	1	0
0	1	1	0	1
1	0	0	1	0
1	0	1	0	1
1	1	0	0	1
1	1	1	1	1

表 **3·7** より

$$C_i = \overline{A_i} \cdot B_i \cdot C_{i-1} + A_i \cdot \overline{B_i} \cdot C_{i-1} + A_i \cdot B_i \cdot \overline{C_{i-1}} + A_i \cdot B_i \cdot C_{i-1}$$

となり，多数決回路であることがわかる．一方，加算結果である S_i は，

$$S_i = \overline{A_i} \cdot \overline{B_i} \cdot C_{i-1} + \overline{A_i} \cdot B_i \cdot \overline{C_{i-1}} + A_i \cdot \overline{B_i} \cdot \overline{C_{i-1}} + A_i \cdot B_i \cdot C_{i-1}$$
$$= (\overline{A_i} \cdot B_i + A_i \cdot \overline{B_i}) \cdot \overline{C_{i-1}} + (A_i \cdot B_i + \overline{A_i} \cdot \overline{B_i}) \cdot C_{i-1}$$

ここで，$\overline{A_i} \cdot B_i + A_i \cdot \overline{B_i} = X$ とすると，

$$\overline{X} = \overline{(\overline{A_i} \cdot B_i + A_i \cdot \overline{B_i})} = \overline{(\overline{A_i} \cdot B_i)} \cdot \overline{(A_i \cdot \overline{B_i})} = (A_i + \overline{B_i}) \cdot (\overline{A_i} + B_i)$$
$$= A_i \cdot \overline{A_i} + A_i \cdot B_i + \overline{B_i} \cdot \overline{A_i} + \overline{B_i} \cdot B_i = A_i \cdot B_i + \overline{A_i} \cdot \overline{B_i}$$

となるから，上式は

$$S_i = (\overline{A_i} \cdot B_i + A_i \cdot \overline{B_i}) \cdot \overline{C_{i-1}} + (A_i \cdot B_i + \overline{A_i} \cdot \overline{B_i}) \cdot C_{i-1}$$
$$= X \cdot \overline{C_{i-1}} + \overline{X} \cdot C_{i-1} = X \oplus C_{i-1} = (\overline{A_i} \cdot B_i + A_i \cdot \overline{B_i}) \oplus C_{i-1}$$

$$= (A_i \oplus B_i) \oplus C_{i-1} = A_i \oplus B_i \oplus C_{i-1}$$

となって，3変数 A_i, B_i および C_{i-1} の排他的論理和であることがわかる．表 **3·6** に示したように，1ビットの加算処理を施して総和を求めるとともに，桁上がりを出力する回路を**半加算器**（half adder）といい，表 **3·7** に示すように，一つ下からの桁上がりを考慮して，その桁での総和と桁上がりを出力する回路を**全加算器**（full adder）という．半加算器の回路を図 **3·12**（**a**）と（**b**）に示す（練習問題 **3·4**）．

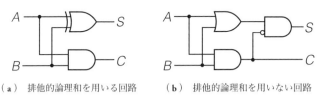

（**a**） 排他的論理和を用いる回路 （**b**） 排他的論理和を用いない回路

図 3·12 半加算器の回路

また，全加算器は半加算器を用いて図 **3·13** のように構成することができる．

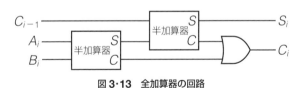

図 3·13 全加算器の回路

さらに，全加算器を用いると n 桁の加算器を図 **3·14** のように構成することができる．

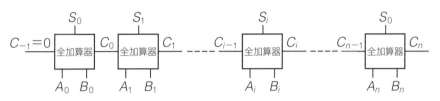

図 3·14 n 桁の加算器回路

また同様にして，n 桁の減算器回路を構築することができる（練習問題 **3·5**）．

3·5 | 記憶回路

3·5·1 RS型フリップフロップ

記憶（memory）とは，心理学的にいえば過去の経験などを現時点まで保持していることであり，情報学的にいえば過去にセットされた情報を状態が変化しても保持していることである．つまり，一度セットされた情報は，その後の状態変化に関わらず保持されていることを意味する．

このような情報の記憶は2つのNANDゲートを用いて図**3·15**のように構成することができ，図**3·15**のような回路は**フリップフロップ**（flip-flop）と呼ばれる．とくに図**3·15**はS（Set）とR（Reset）をもつため，**RS型フリップフロップ**（RS type flip-flop）と呼ばれる．

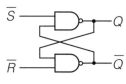

図3·15　フリップフロップ

図**3·15**において入力のSとRが，$\overline{S}$と$\overline{R}$のように，文字の上にバーが付いているのは，論理が1ではなく0でアクティブ化することを意味している．また，出力もQと$\overline{Q}$となっているのは，2出力の値が必ず異なること，つまりQが1であ

表3·8　RS型フリップフロップの状態変化

$\overline{S}$	$\overline{R}$	Q	$\overline{Q}$	状態
1	1	0	1	Set信号とReset信号は非アクティブ（$\overline{S}=\overline{R}=1$）
0	1	0	1	Set信号をアクティブ化（$\overline{S}=0$）
0	1	1	1	Qがセット（$Q=1$）：$\overline{Q}$は変化前
0	1	1	0	Qがセット（$Q=1$）：$\overline{Q}$はリセット（$\overline{Q}=0$）
1	1	1	0	Set信号を非アクティブ化（$\overline{S}=1$）：状態保持
1	0	1	0	Reset信号をアクティブ化入力（$\overline{R}=0$）
1	0	1	1	$\overline{Q}$がセット（$\overline{Q}=1$）：Qは変化前
1	0	0	1	Qがリセット（$Q=0$）：$\overline{Q}$はセット（$\overline{Q}=1$）
1	1	0	1	Reset信号を非アクティブ化（$\overline{R}=1$）：状態保持

れば $\overline{Q}$ が0，逆に Q が0であれば $\overline{Q}$ が1となることを意味している．図3·15の状態変化を表3·8に示す．

初期状態は全入出力を非アクティブ状態とする．つまり，$\overline{S} = \overline{R} = \overline{Q} = 1$ および $Q=0$ とすると，この状態で信号は保持されている（各自で確認すること）．この状態でSet信号をアクティブ化する．つまり，$\overline{S} = 0$ とすると Q がセット（$Q=1$）される．$Q=1$ になった瞬間はいまだ $\overline{Q} = 1$ のままであるが，$Q = \overline{R} = 1$ より，$\overline{Q} = 0$ となる．つまり，$Q=1$，$\overline{Q} = 0$ となり，Q はセットされた状態となる．この状態でアクティブ化したSet信号を非アクティブ化（$\overline{S} = 1$）しても $Q=1$，$\overline{Q} = 0$ のままとなり，情報は保持されている．

同様に，Reset信号をアクティブ化（$\overline{R} = 0$）すると，$\overline{Q}$ がセット（$\overline{Q} = 1$）され，その瞬間はいまだ $Q=1$ のままであるが，$\overline{Q} = \overline{S} = 1$ より，$Q=0$ となる．つまり，$Q=0$，$\overline{Q} = 1$ となり，Q はリセットされた状態となる．この状態でアクティブ化したReset信号を非アクティブ化（$\overline{R} = 1$）しても $Q=0$，$\overline{Q} = 1$ のままとなり，情報は保持されている．**タイミングチャート**（Timing Chart）を図3·16に示す．

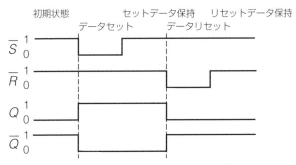

図3·16 RS型フリップフロップのタイミングチャート

なお，S と R を0でアクティブ化するのではなく，1でアクティブ化する方法もある．この場合，S や R の入力前にNOTゲートを入れればよい．回路図とタイミングチャートは図3·17および図3·18となる．

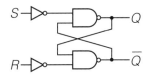

図3·17 1でアクティブ化されるフリップフロップ

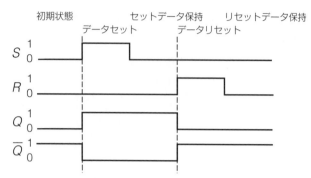

図3·18　1でアクティブ化されるRS型フリップフロップのタイミングチャート

3·5·2　JK型フリップフロップ

　通常，コンピュータの動作はクロック（CLK）に同期して動作するため，クロックに同期して入力信号を変化させるフリップフロップを **JK型フリップフロップ**

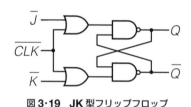

図3·19　JK型フリップフロップ

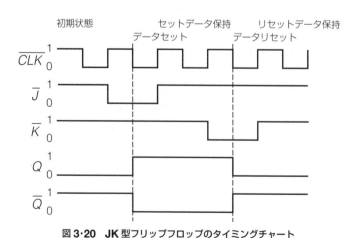

図3·20　JK型フリップフロップのタイミングチャート

（JK type flip-flop）と呼ぶ．JK 型フリップフロップの回路図とタイミングチャートを図 **3·19** および図 **3·20** に示す．

一方，1 でアクティブ化される JK 型フリップフロップの回路図とタイミングチャートは図 **3·21** および図 **3·22** となる．

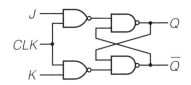

図3·21　1 でアクティブ化される JK 型フリップフロップ

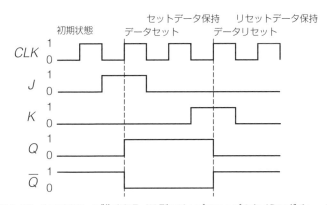

図3·22　1 でアクティブ化される JK 型フリップフロップのタイミングチャート

さらに，図 **3·19** に示す JK 型フリップフロップ回路において，$\overline{J} = \overline{K} = 0$，$\overline{Q} = 1$ の状態を保持すると，クロック（$\overline{CLK}$）と同期して Q の値はクロックとは逆になる．つまり，クロックに同期したトグル動作を行う．タイミングチャートを図 **3·23** に示す．

図 **3·23** では Q の値がクロックとは逆の値となってトグル動作を行うが，図 **3·21** に示す 1 でアクティブ化される JK 型フリップフロップ回路を用いると，クロックと同じ値でトグル動作を示す．タイミングチャートを図 **3·24** に示す．

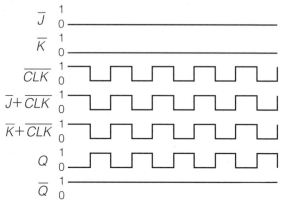

図3・23　JK型フリップフロップのトグル動作

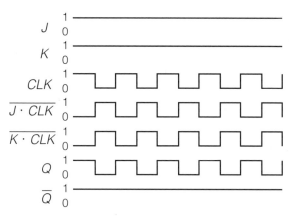

図3・24　1でアクティブするJK型フリップフロップのトグル動作

3·6 メモリの構成

3·6·1　主記憶とキャッシュ

　メモリが設計できた段階で，メモリの構成についてまとめておく．メモリには読み書き可能な **RAM**（Random Access Memory）と読み出し専用の **ROM**（Read Only Memory）がある．RAM は電源を切ると記憶されている内容が消え，この性質を**揮発性**（volatility）という．また，RAM には安価であるが低速な **DRAM**

（Dynamic RAM）と，逆に高速であるが高価な **SRAM**（Static RAM）があり，DRAM は一定の周期で再書き込みが必要である．この一定の周期での再書き込みを**リフレッシュ**（refresh）という．DRAM はある程度の容量を必要とするため，主には**主記憶**（main memory）に用いられる．これに対して SRAM は DRAM よりもさらに高速性が要求される**キャッシュメモリ**（cache memory）に用いられる．

　キャッシュメモリとは **CPU**（Central Processing Unit）と主記憶との間に入って CPU の高速処理を支えながら，ある程度大きな容量のデータ処理を実現するためのメモリである．したがって，高速性が要求されるため SRAM が使用される．ただし，高速ではあるが高価でもあるため，大容量のメモリ領域を確保することができない．そこで，キャッシュメモリと主記憶との間でデータの整合性（**コヒーレンシ**：coherency）を保つ必要がある．この整合性を保つ方式として，**ライトスルー方式**（write-through algorithm）と**ライトバック方式**（write-back algorithm）がある．

　ライトスルー方式とは，CPU がキャッシュメモリに書き込みを行ったと当時に主記憶にも同じ内容を書き戻す方式である．単純な方式であり，データのコヒーレンシを保つことは容易であるが，毎回の書き戻しに時間を要する．これに対してライトバック方式は CPU がキャッシュメモリに書き込みを行っても，コヒーレンシが保たれなくなるような条件が整うまでは主記憶に書き戻しは行わない方式である．コヒーレンシを保つことは容易ではないが，毎回の書き戻しが不要となるため，高速性が実現できる．

3·6·2　さまざまな ROM

　ROM は電源を切っても書き込まれた内容が消えないメモリであり，一般に読み出し専用といわれているが，記憶内容を書き換えることのできる ROM もある．**マスク ROM**（mask ROM）はフォトマスク（photomask）と呼ばれる回路パターンの原版を基に製造されるため書き換えは不可能であり，組込みシステムやゲーム機などに利用されている．これに対して，**PROM**（Programmable ROM）は記憶内容を書き換えることのできるメモリである．**OTPROM**（One Time Programmable ROM）は一度のみ書き込み可能な ROM であり，内容の消去は不可能である．

　一方，**EPROM**（Erasable PROM）は消去可能なメモリであり，記憶内容を書き換えることができる．紫外線を照射することで記憶内容を消去するメモリは **UV-EPROM**（Ultra-Violet EPROM）と呼ばれ，電気的に読み取り電圧よりも

高い電圧を加圧することで記憶内容を消去するメモリは **EEPROM**（Electrically EPROM）と呼ばれる.

　フラッシュメモリ（flash memory）は EEPROM で構成されており，**フラッシュ EEPROM**（flash EEPROM），あるいは**フラッシュ ROM**（flash ROM）とも呼ばれる.内部構造は NAND，あるいは NOR で構成されているため，構成要素に応じて **NAND 型フラッシュメモリ**，あるいは **NOR 型フラッシュメモリ**と呼ばれる.

3章 | 練習問題

問題 3·1 $\overline{\{A\cdot\overline{(A\cdot B)}\}\cdot\overline{\{B\cdot\overline{(A\cdot B)}\}}}$ A を簡単化しなさい.

問題 3·2 図 3·9(**a**)を参考に NMOSFET と抵抗を用いて NAND と NOR の回路を設計しなさい.

問題 3·3 図 3·9(**b**)を参考に，抵抗を用いずに NAND と NOR の回路を設計しなさい.

問題 3·4 図 3·12 の(**a**)と(**b**)が同じであることを示しなさい.

問題 3·5 図 3·14 を参考にして，n 桁の減算器（A − B）回路を設計しなさい.

問題 3·6 主記憶にはどのような種類のメモリが使用されるのか？また，その理由は何か？

問題 3·7 キャッシュメモリにはどのような種類のメモリがどのような目的で使用されるのか？

04

ソフトウェア構成

ソフトウェア（Software）とは，情報処理システムのプログラム，手続き，規則および関連する文書であり，その内容を記録した物理的な媒体とは無関係な知的創作物である．ソフトウェアにも著作権が認められているが，その特殊な性格のため，他の著作物とは異なる取り扱いが，ソフトウェア著作権として定められている．

たとえば，特定の計算機で使用できないプログラムをその計算機で使用できるように改変して，バグを修正したり，機能を向上させたりすることや，バックアップのための複製などが認められていることである．プログラム中の誤りを検出し，場所を突き止め，誤りを修正することを**デバッグ**（Debug）という．

OS（Operating system）とは，オペレーティングシステムともいい，計算機上でプログラムの実行を制御するソフトウェアであり，資源の割振り，処理順序のスケジューリング，入出力の制御，データの管理などの基礎となるソフトウェアである．そのため，OS は**基本ソフトウェア**ともシステム**ソフトウェア**（System software）とも呼ばれ，応用ソフトウェアの実行を支援するが，応用ソフトウェアには依存しないソフトウェアである．

応用ソフトウェア（Application software）とは，**アプリケーション**，または単に**アプリ**と略され，ある適用業務の問題解決のために作成されたソフトウェアやプログラムを意味していて，たとえば表計算ソフトウェアがある．

4·1 | OS の役割

OS は，コンピュータ全体の動作を管理・制御するためのソフトウェアである．

汎用コンピュータのための OS としてよく知られているのは，Windows OS，macOS，Linux などがある．ここで，汎用コンピュータとは，ディスプレイ，キー

ボード，マウス，ハードディスクといったような入出力デバイスが搭載された，いわゆるパーソナルコンピュータのことである．ソフトウェアによって，さまざまな用途のために利用することが可能である．

　汎用コンピュータとは別に，組込みシステム用の OS もある．ここで，組込みシステムとは，たとえば，テレビ，冷蔵庫，電子レンジ，防犯カメラ，エレベータなど，ある特定の用途のために作られたコンピュータのことを指す．こうした OS は，組込みオペレーティングシステムとも呼ばれ，ITRON，LynxOS，BusyBox などがある．最近では，スマートフォン向けの OS もあり，Android や iOS などがよく知られている．

　上述のように，OS はハードウェアを管理・制御するために，用途に応じてさまざまな種類がある．社会の中で利用されているコンピュータには，さまざまな用途に応じて最適な OS が利用されており，その使い分けも重要となってくる．迅速な応答が求められる場面では組込み OS が利用され，科学技術計算や事務処理などの分野では汎用コンピュータ向けの OS が利用される．また，モバイル端末には，タッチパネルを制御したり，ソフトウェアキーボードを操作可能なスマートフォン OS が使われている．OS の役割を表 4·1 に示す．

表 4·1 OS の役割

OS（オペレーティングシステム）	
タスク管理	
ジョブ管理	
データ管理	
記憶管理	制御プログラム
通信管理	
入出力管理	
ファイル管理	
プロセス管理	
インタプリタ	プログラム
コンパイラ	
表計算ソフトウェア	
エディタ	アプリケーションソフトウェア
ブラウザ	

4·1·1　タスク管理とジョブ管理

コンピュータにおける処理の単位のことを**タスク**（task）という．**ジョブ**（job）とはユーザ（人間）からみた処理の単位のことである．ジョブはジョブ管理機能において，ジョブステップに分解され，さらにタスク管理機能によってタスクに分割される．

たとえば，カレーライスを作るというジョブがあったとする．このとき，具材を切る，煮込むなどの分割された処理単位がジョブステップとなる．分解されたジョブステップは，さらにタスクに分割されるが，タスクは以下に示すような状態をとりながら処理される．

① CPU 実行可能状態
② CPU 実行状態
③ 待機状態

4·1·2　データ管理とファイル管理

ファイルの入出力の管理のことである．OS の一部として機能しており，データ管理を行うためのプログラムが処理を行う．入出力単位としてのブロックを論理的な入出力単位であるレコードとして扱うことが可能とする．また，データ管理のためのファイルシステムとして，Windows OS では fat32 や NTFS のような形式が使われ，macOS では APFS というファイルシステムが利用されている．

表計算ソフトや文書作成ソフトなどで作ったデータもファイルとして保存され，必要に応じて編集（読み書き）しながら管理されている．こうしたファイルも OS が管理している．汎用コンピュータでは，ファイルは名前で区別されている．さらに，汎用コンピュータではフォルダ（ディレクトリ）で保存する場所を管理することができる．フォルダは引き出しや箱（入れ物）のようなものであり，ユーザが自由に作成・管理することができる．

4·1·3　記憶管理

記憶管理には，メモリ領域を管理するための**実記憶管理**と**仮想記憶管理**がある．プログラムをメモリ（主記憶装置）に実記憶管理する場合には，実行するプログラムを有効に配置する必要がある．この配置方式には，たとえば，

① **単一区画方式** 1つのプログラムのみで主記憶を利用するため，利用効率がよくない．

② **可変区画方式** プログラムの利用頻度や大きさに合わせて区画が割り当てられるように，データに合わせた区画を用意しておく．

③ **オーバーレイ方式** あらかじめプログラムを分割して補助記憶装置に配置しておき，実行時に取り出す．

などがある．

さらに，コンピュータを使っていると，主記憶装置（特定のメモリ領域）以上の処理をしなければならない場合が出てくる．このような場合には，補助記憶装置により実際の主記憶装置の代わりとなる記憶空間を作成して，主記憶装置の一部として処理させることがある．このような処理を**仮想記憶管理**といい，仮想メモリ空間（スワップ領域）などと呼ばれる．

4·1·4 通信管理

コンピュータのデータ通信機能を管理するための機能である．これにより，ネットワークに接続された資源にアクセスすることが可能となる．

4·1·5 入出力管理

複数のプログラムから同じ入出力装置に対して処理要求があった場合，適切な順序で入出力を行うことができるように管理するための機能である．

4·1·6 プロセス管理

OSにおける処理単位のことをプロセスという．プロセス固有データや実行命令コードなどで構成されている．マルチタスクとは，OSが複数のプロセスを切り替えながら実行することである．マルチタスク処理により，ユーザ側からは複数のプログラムが同時に実行されているようにみえる．これにより，多くのプロセスを並列的に実行させることが可能となり，処理速度も向上させることができる．

主に，コンパイラ型のプログラムを実行する際には，OSに応じた実行ファイルを生成する必要がある．以下に，実行形式に応じて分類したプログラムの種類について説明する．

4·1·7　インタプリタ

プログラミング言語はインタプリタ型とコンパイラ型に分けることができる．インタプリタ型は逐次実行されるタイプであり，Python，PHP，R などがあげられる．OS のオーバーヘッドによる影響により，実行速度が遅くなる場合がある．

4·1·8　コンパイラ

コンパイラ型の言語としては，C，Java などがある．コンパイラ型の特徴としては実行速度が速いことがあげられる．Java は，マルチプラットフォーム型であり，.class という拡張子をもつ実行ファイルが生成され，各 OS に応じた JVM という仮想マシンにより処理されるため，さまざまな OS 上で動作することができる．

さらに，OS 上で実行できるソフトウェアについて，以下に説明する．

4·1·9　アプリケーションソフトウェア

OS 上で，エディタ，表計算ソフトウェア，ブラウザソフトウェアなど，目的に応じたさまざまなアプリケーションソフトウェアを実行することができる．

4·2　アルゴリズム

4·2·1　アルゴリズムの概要

アルゴリズムとは，問題解決を行うための方法や手順のことである．コンピュータで計算を行う際においては，その計算方法を指す．コンピュータ上でプログラムを作成する場合，アルゴリズムの設計段階において，なんらかのアルゴリズムを設計し，設計されたアルゴリズムの内容にしたがってプログラムを作成することになる．

たとえば，カレーライスを作ることを考えてみたい．一例として，

① まず具材を準備する
② 次に具材を調理する
③ 鍋を準備し，水を入れ沸騰させる
④ 沸騰した湯の中に調理された具材を投入する
⑤ 具材が柔らかくなるまで煮込む

⑥　灰汁がなくなるまで煮込んだらカレールーを入れる

のような手順が考えられる．簡単な例をあげてみたが，カレーライスを作る方法は人によりさまざまな作り方が考えられる．

　このように，なんらかの目的を達成するための方法・手順を定義したものがアルゴリズムである．アルゴリズムは，その手段を達成するための方法であるが，作成の仕方によっては，良いものもあれば，悪いものもある．その評価手段として，実行速度がある．まったく同じ目的を達成することができる2種類のアルゴリズムがあるとすると，実行速度の速いほうが良いアルゴリズムといえる．

4·2·2　アルゴリズムの表現

　アルゴリズムは，どのように表現すればよいのだろうか．表現するための手法として，さまざまな方法がある．たとえば，フローチャートという流れ図が代表的なものとして知られている．フローチャートの一例を図4·1に示す．

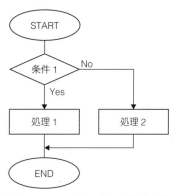

図4·1　フローチャートの一例（分岐）

　図4·1に示すように，プロセスの各ステップを四角で表し，各プロセスからプロセスへの流れを矢印で表すものである．また，条件分岐はひし形で表現される．
　フローチャートの概略を以下に説明する．

● **始点と終点**　まず初めに，処理の始点と終点をだ円形などで定義しておく必要がある．
● **処理の単位**　処理1 または 処理2 のように，四角形（これを箱ともいう）

で処理の内容を表現する．ここで，処理の細かさなどについては明確な定義はなく，あいまいであるため，どのような処理を1つの単位として見なすかは，フローチャートを記述する人の判断に委ねられる．

● **処理の手順**　処理の手順は，一般的には矢印で結合される．流れは，上から下へ流れるような形で記述するのが普通である．とくに，処理が合流する場合には，矢印から矢印へと結合すればよい．

● **分岐処理**　ある条件のもとで処理が分岐する場合には，以下のように，ひし形の記号で表現する．

上記のようなルールを用いてフローチャートを描くことができる．

また，フローチャートには，分岐構造のほかに，順次構造，反復構造がある．

① **順次構造**　処理が単純に上から下へ並んでいる構造

② **分岐構造**　条件によって処理が別れる構造．単一の分岐を組み合わせることで多重分岐を表現できる．多重分岐の例を図 **4·2** に示す．

③ **反復構造**　特定の条件を満たしているうちは，処理を実行する構造

そのほかにも，サブルーチンやループを行う記号もある．サブルーチンとループを表現したフローチャートの例を図 **4·3** に示す．

フローチャートを作成する際の注意点を以下に示す．

● 処理の流れを表す線や矢印は箱に付いているか（離れていないか）

● 分岐の条件は正しいか（Yes と No が正しく記載してあるか）

● 箱への入力が1つだけか

● 箱への入力は上からだけか

さらに，アルゴリズムを表現するためのツールとして，**UML**（Unified Modeling Language）という統一モデリング言語がある．これは，世界標準で記法の統一が

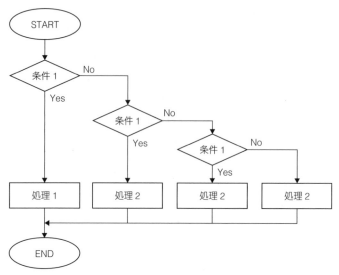

図 4·2 フローチャートの一例 （多重分岐）

図られた言語であり，1997 年に OMG（Object Management Group）により標準化された．UML には，さまざまな種類があり，たとえば，以下に示すような図がよく知られている．

1. ユースケース図

一般的にシステムの概略を把握するために使用されるのが，**ユースケース図**である．ユースケース図により，システム全体の大まかな動作と概略を理解することができる（図 4·4）．

2. シーケンス図

さらに，代表的な UML として，シーケンス図がある．**シーケンス図**は，オブジェクト同士の動作の時系列に着目した流れ図であり，オブ

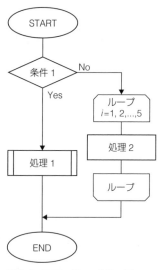

図 4·3 フローチャートの一例
（ループとサブルーチン）

ジェクト，活性区間，メッセージとで構成される．主に，コンポーネント間のデータのやりとりを把握する際にも有用である（図 4·5）．

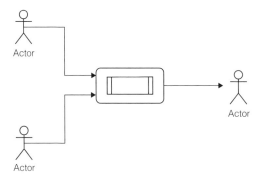

図4·4　ユースケース図

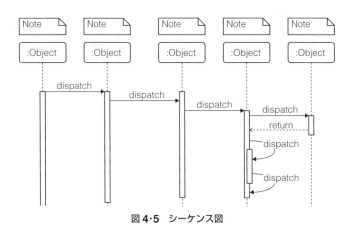

図4·5　シーケンス図

3.　アクティビティ図

アクティビティ図は，システムの実行の遷移，システムの動作や活動状態に着目したフローを表す図であり，アクティビティノードとエッジから構成される．アクティビティ図により，システムの動的な振る舞いを把握することが可能となる（図4·6）．

4.　クラス図

クラス図により，クラス，属性，クラス間の関係性を把握することが可能となる．クラス図は，システムの構造を含めて，クラス間の関係性が一目で把握できるため，実装する際に非常に役立つ（図4·7）．

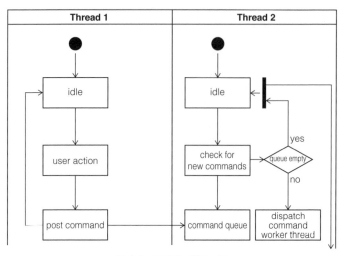

図4·6 アクティビティ図

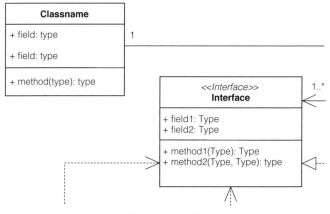

図4·7 クラス図

4·2·3 アルゴリズムの違い

　アルゴリズムの違いを簡単に説明するためのプログラムとして，ソーティング（並べ替え）プログラムがある．たとえば，1から10までの数字がランダムに並んでいるとする．これを大きさの小さい順番に並べ替えることを考えた場合，どのような方法で並べ替えたらよいかという手法のことを意味する．たとえば，代表的な**ソーティングアルゴリズム**の種類として，以下のものがある．

① **バブルソート** 配列の要素を最初から最後までチェックし，順序が逆の要素があれば入れ替える．すべての要素の順序が正しくなるまで，この作業を繰り返すことで実現できる．

② **選択ソート** 配列の要素を順番にチェックし，要素を最大値と置き換えていく．

③ **挿入ソート** 要素を適切な場所へ挿入することで整列を行う．

④ **マージソート** 2つの配列に分割する．分割された各要素をソートし，2つのソートされた配列をマージしていく．

4·3 | プログラミング言語

アルゴリズムをコンピュータ上で実行可能とするものが，**プログラミング言語**である．プログラミング言語により，コンピュータ上でさまざまなタスクを処理することが可能となる．プログラミング言語にはさまざまな種類があるが，大きく分けると，コンパイラ方式の言語と，インタプリタ方式の言語に大別できる．

4·3·1 コンパイラ方式

実行速度が速いため，ある用途に特化した組込みシステムや，高いレスポンス性能が求められる分野で利用されている．ソースコードから，コンパイラによりバイナリファイルが生成され，バイナリファイルを利用してコンピュータのCPUにより実行される．

たとえば，C言語，Java言語などがある．とくに，Java言語はマルチプラットフォーム型言語として知られており，コンパイルによりclassファイルが生成され，各OSに応じたJava VM（Virtual Machine）によりclassファイルに基づいて実行されるため，いろいろなOS上で動作するのが特徴である．

4·3·2 インタプリタ方式

ソースコードが逐次実行される方式である．OSやアプリケーションによるオーバーヘッドが影響するため，実行速度はコンパイラ方式よりも遅い．たとえば，インタプリタ言語としては，Python，R，JavaScript，PHPなどがある．

4·3·3 コンパイラ方式プログラムの実行

コンパイラ方式による処理の流れは，以下のとおりである．ここで，file.c のようなファイルはソースコードを記述したファイルである．

1. C 言語の場合

① コンパイル

```
gcc file.c
```

② Windows OS の場合は，file.exe というバイナリファイルが生成される．また Linux OS の場合は，a.out のようなバイナリファイルが生成される．

③ 実行
Windows OS の場合は

```
./file.exe
```

により実行できる．
Linux OS の場合は

```
./a.out
```

により実行できる．

2. Java 言語の場合

① コンパイル

```
javac file.java
```

② Windows OS の場合も Linux OS の場合にも，file.class のようなバイナリファイルが生成される．この class という拡張子をもつバイナリファイルは，Java VM 上で実行するためのものである．

③ 実行
Windows OS の場合，Linux OS の場合ともに，

```
java file
```

により実行できる．

4·4 │ プログラミング

4·4·1 プログラムの仕組み

一般的に，代表的なウォーターフォール型のソフトウェア開発工程を図4·8に示す．

```
┌─────────────────────────────────┐
│       要求仕様定義 ( 要求仕様書 )        │
│              ⇩                  │
│          設計 ( 設計書 )            │
│      【基本設計・詳細設計】             │
│              ⇩                  │
│     コーディング ( ソースコード )        │
│              ⇩                  │
│        テスト ( テスト成績書 )        │
│   【単体テスト・統合テスト・総合テスト】       │
│              ⇩                  │
│     運用・保守 ( 運用・保守報告書 )       │
└─────────────────────────────────┘
```

図4·8 ウォーターフォール型のソフトウェア開発形態

図4·8に示すように，ソフトウェア開発工程においては，要求仕様定義の段階で成果物として要求仕様書が作成され，設計工程においてはUMLなどにより作成された設計書が作成される．さらに，設計工程において作成された設計書に基づいて，プログラミング（コーディング）によりプログラムができあがる．

できあがったプログラムが実行され，テスト工程においてプログラムのテストが行われる．テスト工程で決められた水準が満たされていると判断されれば，開発されたソフトウェアがユーザにリリースされる．リリースされたソフトウェアは，運用保守段階において，契約された際に定められた一定期間の間，保守が行われる．

このように，プログラミングという作業は，アルゴリズムをコンピュータ上で実現するための重要な工程となる．

4·4·2 Pythonによるプログラム実行例

プログラミングで使用される言語には，先にも述べたように，さまざまな言語が

あり，使用される環境や用途に応じて最適な言語が利用されている．
　一例として，Python によるプログラムを以下に示す．

```
#coding: UTF-8

sum = 0
for num in range(1, 1000):
    print "num = " + str(num)
    sum += num;

print "sum = " + str(sum)
```

　上記のプログラムは，1 から 1000 までの数値を繰り返し表示し，最後に合計値を出力するものである．
　Python には，Python 独自のプログラミングの作法がある．たとえば，for 文は繰り返しで使用される命令であるが，C 言語や Java 言語では，for 文がどこからどこまでを繰り返すのかという区切りを中括弧「{　}」で指定する必要があるが，Python の場合には中括弧ではなくインデントで表現できる点が特徴である．そのほかにも違いがあるが，一般的には 1 つの言語を深く習得していれば，各言語の共通点も多いため，他言語もある程度理解できる．
　たとえば，上記の Python のプログラムを，統計言語 R で記述すれば，以下のようになる．

```
sum = 0;

for (x in 1:1000) {
   print(x)
   sum <- sum+x
 }

sum
```

4·4·3 Rによるプログラム実行例

統計言語Rは，ビッグデータを背景として，近年注目されている言語である．単に，1から1000までの総和を計算したいだけの場合には，前述のように記述しなくとも，以下のように命令するだけで，結果を出力できる．つまり，sum(1:1000) のみ，たった1行だけで済むのである．

```
sum(1:1000)
```

最近は，ビッグデータやAIが注目されており，プログラミング言語でいえば，AIの分野で多用されているPythonと，ビッグデータ処理の分野で利用される統計言語Rが，プログラミング言語の人気ランキングの上位に位置している．

4·4·4 C言語によるプログラム実行例

さらに，これをC言語で書けば，以下のようになる．

```c
#include <stdio.h>

int main(void){

    int i, sum=0;

    for (i = 1; i <= 1000; i++) {
        sum += i;
    }

    printf("%d\n", sum);

}
```

上記のC言語によるプログラムのファイルがtest.cである場合，まず以下によりコンパイルする必要がある．

```
gcc test.c
```

これにより，UNIX系OSの場合は，a.outというファイルが生成される．Windows OSの場合は，a.exeというファイルが出力されるはずである．このファイルはバイナリファイルと呼ばれ，実行形式のファイルである．このファイルを実行するには，

```
./a.out
```

または

```
./a.exe
```

とコマンドを打ち込めばよい．

PythonやRはインタプリタ型の言語であるが，C言語はコンパイラ型の言語である．コンパイラ型の言語では，コンパイルという処理により，いったん，特定のOSやCPUが解釈できるバイナリファイルへと変換される．特定のOSやCPU上で，実行可能な変換されたファイルが直接実行されるため，OSやアプリケーションによるオーバーヘッドが少なく，実行時間が短いのが特徴である．

このように，コンパイル型のプログラム言語は，大きくインタプリタ型とコンパイル型に分けられる．社会では，用途に応じて最適なプログラミング言語が利用されている．たとえば，組込みシステム関係では，C言語が利用されることが多い．一方，近年注目されている人工知能や深層学習ではPythonが多用されている．ビッグデータ解析の分野では統計言語Rが利用されることが多い．

4·4·5　ソーティングプログラムの実行例と比較

次は，アルゴリズムの観点から考えてみたい．以下のソースコードは，選択ソートを用いて数値を並べ替えるJavaScriptによるプログラムである．

```
<!DOCTYPE html>

<script type="text/javascript">

    var data = [300, 220, 21, 123, 5];
```

```
    for (var i = 0; i < data.length - 1; i++) {

        var min = data[i];

        var k = i;

        for (var j = i + 1; j < data.length; j++) {

            if (min > data[j]) {
                min = data[j];
                k = j;
            }
        }
        var dummy = data[i];
        data[i] = data[k];
        data[k] = dummy;

        document.write("Results="+data+"<br>");
    }

</script>

</html>
```

　上記のプログラムをテキストエディタで打ち込み，拡張子を html として保存する．保存されたファイルをブラウザソフトウェアで開いてみれば，以下のように表示される．

```
Results=5,220,21,123,300
Results=5,21,220,123,300
Results=5,21,123,220,300
Results=5,21,123,220,300
```

　C言語の場合は，C言語のソースコードをコンパイルするための環境が必要であるが，インタプリタ型の言語である JavaScript は，ほとんどのブラウザソフトウェアで実行できるため，容易に前述のような処理結果を確認することができる．

　同じ内容のプログラムを，バブルソートで記述すると以下のようになる．

```
<!DOCTYPE html>

<script type="text/javascript">

    var data = [300, 220, 21, 123, 5];

    for (var i = 0; i < data.length; i++) {

        for (var j = data.length-1; j > i; j--) {

            if (data[j] < data[j-1]) {
                    var dummy = data[j];
                    data[j] = data[j-1];
                    data[j-1] = dummy;
            }
        }

        document.write("Results=" + data + "<br>");
    }

</script>

</html>
```

　ここで，ソーティングアルゴリズムの違いについて考えてみたい．ここで取り上げた選択ソートとバブルソートの違いを以下に示す．

● **選択ソート**　アルゴリズムが非常にわかりやすく，単純明快である．そのア

ルゴリズムは以下のとおりである.

① データ数（n 個）の中の最小値を最初の数字と入れ替える.
② 残りのデータ（$n-1$ 個）の中にある最小値を 2 番目の数字と入れ替える.
③ 上記の①〜②の手順を $n-1$ 回繰り返す.

● **バブルソート** 選択ソートと同様に，アルゴリズムが非常にわかりやすく，単純明快である．そのアルゴリズムは以下のとおりである.

① 配列の末尾から先頭に向かい，隣り合う要素を比較していく.
② 前の値と比較して，後ろにある値が小さければ交換する.
③ 上記の①〜②の手順を繰り返す.

バブルソートと選択ソートは，最悪計算時間が $O(n^2)$ と遅い．一方で，これらの計算時間を改善したマージソートと呼ばれる手法もある.

● **マージソート** 最悪計算時間は $O(n \log n)$ であり，安定かつ高速なソートとして知られている.

① n 個のデータ列を（$n/2$）として 2 等分に分割する.
② 分割された 2 つのデータ列に対して，それぞれ併合して整列済みのリストとする.
③ 2 つのソート済み配列を統合する.

ここで，上記のように記載した $O(n^2)$ は，オーダー記法といい，無限大や 0 の付近での振る舞いについて，きわめてアバウトかつ定量的に評価するために，「最も影響がある項のみに着目」し，「定数倍の扱いは無視」するという評価尺度である.

4·4·6 さまざまな言語

前述のように，代表的ないくつかの言語を紹介してきたが，近年，よく利用されている代表的なプログラミング言語を以下にまとめる.

コンパイラ型言語	C	組込みシステムなど，非常に多くの領域で多用されている．初学者向けの第一言語として学習のために利用されることも多い．
	Java	マルチプラットフォーム言語であり，Windowsだけでなく，macOS や Linux 用の JVM（Java Virtual Machine）が準備されている．
	Fortran	古くからある言語で，数値計算プログラムを簡潔に記述できる点，書きやすく見やすいという利点のある言語である．
インタプリタ型言語	Python	人工知能のためのパッケージも豊富であり，深層学習のために広く用いられている言語である．
	R	統計解析に優れた言語として知られ，ビッグデータ解析のためのデータの前処理やデータの傾向を把握するために用いられている．
	JavaScript	主に，動的な処理をウェブブラウザ上で実現するために用いられている言語であり，非常に多くのウェブサイト構築で多用されている．

4·5 | アプリケーション

アプリケーションソフトウェアは，コンピュータを応用するための用途として開発されたソフトウェアのことである．代表的なものとして，以下のようなものがある．

① **Web ブラウザ**　Firefox，Chrome，Opera
② **ワードプロセッサ**　Microsoft Word，Libre Office Writer，OpenOffice Wirter
③ **メーラ（メールソフト）**　Thunderbird，Microsoft Outlook
④ **表計算ソフト**　Microsoft Excel，Libre Office Calc，OpenOffice Calc
⑤ **メディアプレイヤー**　VLC media player，Windows Media Player，QuickTime Player

⑥　**テキストエディタ**　Atom，Visual Studio Code

　これらのアプリケーションソフトウェアは，応用ソフトウェアとも呼ばれ，入力
されたデータは，OS を介してアプリケーションに渡されることから，OS 上で動
作するようなイメージとなる．前述したように，さまざまなアプリケーションソフ
トウェアが存在する．アプリケーションソフトウェアによっては，特定の OS でし
か動作しないものもあれば，マルチプラットフォームで動作可能なものもある．

　さらに近年は，オープンソースソフトウェア（OSS）も多様されている．オープ
ンソースソフトウェアは，その名称のとおり，ソースコードが公開された無料で利
用できるソフトウェアのことである．オープンソースソフトウェアを利用すること
のメリットは，標準化，短納期，およびコスト削減を達成することが可能である点
にある．

　商用ソフトウェアに含まれる OSS のセキュリティやライセンスコンプライアン
スに関するレポート「2018 Open Source Security and Risk Analysis Report」によ
ると，商用ソフトウェアの 96% が何らかの OSS を，あるいはオープンソースのコ
ンポーネントを含んでいることが判明した．アプリケーション 1 件当たりでみる
と，平均 257 件のオープンソースコンポーネントが存在している．そのため，OSS
が非常に多くのソフトウェアで利活用されていることはあきらかである．したがっ
て，今後も OSS がさかんに使用されることが読み取れる．しかしながら，オープ
ンソースソフトウェアにも品質上の問題やライセンス上の問題などの欠点もある．
このように，ソフトウェアを選択する際には，利用上の環境，ソフトウェアの特
性，運用保守のしやすさなどを考慮する必要がある．

4·6 ┃ インターネット

　世界中のコンピュータや携帯端末などの情報機器を，複数のコンピュータネッ
トワークにより相互接続したグローバルな情報通信網のことである．1990 年ごろ
から，世界的に広く使われ始め，近年は **IoT**（Internet of Things：モノのインター
ネット）により，その利活用が目覚しく進展している．

　一言でインターネットといっても，さまざまな用途で利用されている．たとえ
ば，メールの送受信，Web ページの閲覧，サーバ管理，クラウドでの利用など，

利用されている用途に応じて，それぞれの役割も異なっている．また，インターネット上では，悪意のある攻撃を行うユーザは**クラッカー**（cracker）と呼ばれる．ハッカーはマスコミ用語であるので注意したい．本来，**ハッカー**（hacker）は，オープンソースプロジェクトにおいて，コードを記述・改善・改良を行っている人のことである．このようなクラッカーからの攻撃を防御するのための仕組みとして，ファイアウォールがある．ファイアウォールは，インターネットからのある特定の通信を遮断する役割を果たす．

インターネットにおいて**サーバ**は欠かせない機能である．サーバの代表的なものとして，

① **HTTP**（Web）　Web ページや動画の表示
　　（ポート番号 80）
② **SSH**　サーバの遠隔操作の受付
　　（ポート番号 22）
③ **SMTP**　メールの送信受付
　　（ポート番号 25）
④ **POP**　メールの受信受付
　　（ポート番号 110）
⑤ **FTP**　ファイルのアップロード，ダウンロード
　　（ポート番号 21）

がある．IP アドレスで指定するだけでは，サーバを利用することはできない．どのサービスを使いたいかを指定する必要があり，"ポート番号"によって，それを指定する．たとえば，ポート番号はサービスに応じて何番である，というルールが世界的に決まっており，使いたいサービスに応じてポート番号を指定する．

4章 │ 練習問題

問題4・1 通学または通勤経路をフローチャートにより表現しなさい.

問題4・2 現在,無料のチャート作成ツールがある.

　　　https://www.draw.io/

本ツールにより,図書館で本を借りる手順をユースケース図およびアクティビティ図により作成しなさい.

問題4・3 「4・4節 プログラミング」に記載されたプログラムを,以下の例を参考にして JavaScript で記述し,Web ブラウザ上で出力しなさい.

```
<html>     ← HTML ファイルであることを宣言
    <body>     ←ここから本文を開始
        <script type="text/javascript">     ←言語タイプの宣言
            var i=0;
            while(i<10){
            document.write(" 繰り返し "+(i+1)+" 回目 <br>");
            i=i+1;
            }
        </script>     ←終了タグ
    </body>     ←終了タグ
</html>     ←終了タグ
```

問題4・4 バブルソートと選択ソートでは,データの比較回数と,データの交換回数の観点から,どちらが高速か答えなさい.

問題4・5 「4・5節 アプリケーション」に記載された各ソフトウェアについて,動作可能な OS の種類をあげなさい.さらに,オープンソースソフトウェアであるアプリケーションをあげなさい.

05

コンピュータシステムと情報セキュリティ

　近年，情報漏洩にともなう情報事故の重大性が深刻となっていることから，情報セキュリティは非常に注目されている．ここでは，ハードウェア的要因，ソフトウェア的要因，人的要因，法的（仕組み的）な観点から情報セキュリティを取り扱う．まず最初に，情報セキュリティに関する内容を扱う前の基礎知識として「システムとしてのコンピュータ」および「データベース」について取り扱う．これにより，情報セキュリティに関する内容を直感的に理解しやすく配慮した．

　とくに，情報セキュリティは，さまざまな要因から影響を受けるが，まず最初に情報システムの仕組みを理解しておく必要がある．次に，情報システムを扱う人間の視点に基づく対策と管理について知っておく必要がある．最後に，情報セキュリティに関する法規の観点に着目することで，組織としての情報セキュリティポリシーについて説明する．

5·1 　システムとしてのコンピュータ

　ここでは，システムとコンピュータについて説明する．まず，システムという言葉についてであるが，**システム**とは「相互に作用または関連をもつ要素の順序だてられた組み合わせ」と定義される．すなわち，システムとは，単に「要素」自体を指すのでなく，複数の要素が組み合わされたものである．この組み合わせを行う際，ある目的が定めてられている．この目的が，システムの目的となる．

　また，複数の要素が組み合わされて構成されたシステムにおいて，各要素はある（1つまたは複数の）要素との間をたがいに結びつける関連性が存在する．そしてシステムは，これに必要なすべての要素が集められたものであるため，要素の集合（体）と見なすことができる．そのため，システムの基本構造は，**目的**，**要素**，**集**

合，関連の4つであるといわれている．

また，一般的に **IPO モデル**として表現されることもある．IPO モデルとは，Input（**入力**）― Process（**処理**）― Output（**出力**）という処理の流れを表したものである．たとえば，コンビニで品物を購入する場合，商品・入金 ― レジでの処理 ― レシート出力，のような流れとなる．

5·1·1　さまざまなシステム

一方，コンピュータについては，一般的には，汎用コンピュータのことを指す場合が多い．世の中には，汎用コンピュータだけではなく，組込みシステムという，ある特定の用途に特化したコンピュータもある．

このように，「システム」と「コンピュータ」という言葉の意味について考えた場合，社会には，何らかの目的・サービスのため，ソフトウェアやハードウェアを連携して構築されたコンピュータ環境が多く存在する．たとえば，以下のようなものがある．

①　鉄道や航空会社などにおける座席予約システム
②　病院の診察の際の予約システム
③　各種医療機器の組込みシステム
④　電化製品の組込みシステム
⑤　部品工場の自動加工システム
⑥　コンビニなどの商品管理システム
⑦　スーパーの在庫管理システム
⑧　銀行のオンラインシステム（ATM）
⑨　自動車のリアルタイム制御システム
⑩　自動車のカーエレクトロニクス

5·1·2　コンピュータの特徴と構成

上記のように，世の中のコンピュータを使用したシステムは，コンピュータとコンピュータを結合したものといい換えることもできる．コンピュータの特徴をまとめると以下のようになる．

①　**与えられた命令を実行する機械**　命令を考えるのは人間．

② **ソフトウェア**（Software）　コンピュータを動かすための命令を書いたもの，商品としても売られている．

③ **作業に応じたソフトウェアを実行させる**　コンピュータグラフィックス，作曲，計算，デザインなど．

また，コンピュータは，主にハードウェアとソフトウェアという2つの要素から構成されている．それぞれの特徴を以下に示す．さらに，汎用コンピュータと組込みシステムの構成例を図**5・1**および図**5・2**に示す．

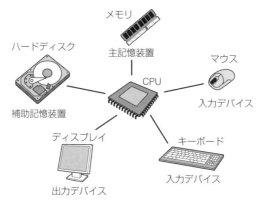

図5・1　汎用コンピュータの構成例

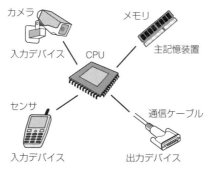

図5・2　組込みシステムの構成例

① **ハードウェア**　コンピュータ本体，目で見て確認できる物（物体）．

② **ソフトウェア**　実行命令を書いたもの，ゲームの内容を書いたもの，物体ではなく目で見えない（無形）．

5·1·3 組込みシステム

とくに，汎用コンピュータについては，一般化されているため多くの人が操作し，利用した経験があるかもしれない．コンピュータには，汎用コンピュータとは別に，特定の用途に特化して構成された組込みシステムがある．**組込みシステム**（enbedded system）とは，特定の機能を実現する目的でコンピュータを組み込んだ，特定目的のシステムである．

たとえば，携帯電話，自動車，カーナビ，炊飯器，エレベータ，自動販売機，飛行機，ミサイルの制御システムなどがあげられる．最近では，携帯電話もスマートフォンとなり，汎用コンピュータとの区別がつきにくくなっている．組込みシステムの特徴と，組込みシステムに求められる要件を以下に示す．

1. 組込みシステムの特徴

組込みシステムの特徴は，以下のとおりである．

① 汎用コンピュータの基本構成は統一化されているが，組込みシステムの場合は，用途によってハードウェア構成が異なる．
② ソフトウェアだけでなく，ハードウェアも専用のものを開発することが多い．
③ **リアルタイム性**が要求されることが多い．
④ 出荷後に故障が発見されると，ソフトウェア的な修正が困難であり，製品ごと交換することが多い．
⑤ 少ないメモリと，性能の低い CPU で動作することが求められる．

2. 組込みシステムの要件

組込みシステムの要件には，次の7つの要件がある．

① **製品の寿命**　組込みシステムの機器は最低でも5年間は使用され続ける．
② **品質**　不具合が発見されると，製品を回収するか，現場に行ってプログラムを入れ替える作業が必要になる．
③ **省メモリ**　少ないメモリしか搭載されていないシステムが多い．
④ **省電力**　組込み機器にはバッテリ駆動の場合が多い．
⑤ **コスト**　組込みシステムには，センサやモータなどを制御する小規模な機器

から，人工衛星のような大規模な機器まで幅広くあるため，機器の価格が数
千円単位のものから数十億円単位のものまで幅がある．

⑥ **リアルタイム性能** 車のブレーキシステムで急ブレーキのためペダルが踏ま
れて動作するまでに，1秒かかっていたのでは遅すぎる．

⑦ **環境** 風雨にさらされる屋外もあれば，マイナス数十℃の冷凍庫内で使用
されることもあり，使用される環境はさまざまである．

　上記のように，システムとコンピュータの関係はさまざまであり，社会には多
くの組込みシステムとコンピュータが存在している．近年は，**IoT**，**クラウドコン
ピューティング**，**ビッグデータ**など，多くのキーワードが存在している．その多く
は，多くの種類のコンピュータが大規模なシステムとして振舞っており，個々のコ
ンピュータが協調して稼働している．

5·2 | データベース

　インターネットやコンピュータを利用しているだけは，その背後にあるシステム
構成や動作を意識することはないが，データベースは，そのコンピュータシステム
の背後で非常に重要な役割を果たしている機能の一つである．

　データベース（Database）とは，複数の適用業務分野を支援するデータの集ま
りである．データの特性と，それに対応する実体との間の関係を記述した概念的な
構造にしたがって編成されたものを表している．データベースには，主に，階層型

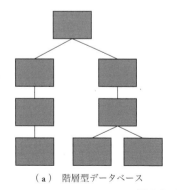

（**a**）　階層型データベース　　　　　（**b**）　ネットワーク型データベース

図5·3　データベースの構成例

データベース，ネットワーク型データベース，リレーショナル型データベースが多用されている．典型的な，階層型データベースおよびネットワーク型データベースの構成例を図5·3に示す．

5·2·1 データベースの仕組み

まず，階層型データベースおよびネットワーク型データベースに対する，それぞれの特徴を以下にまとめ，次にリレーショナルデータベースについて説明する．

1. 階層型データベース

① **木構造**（ツリー構造）として表現されている．

② 一つの親となるデータから，多数の子となるデータが枝分かれしている．さらに，一つの親となるデータからは，多数の子データを有しているようなデータベースの構造となっている．

③ 階層型データベースでは，親データと子データは一対多数の関係をもっている．

④ 検索する際は，検索ルートが一つだけに限られていることから，検索速度が速い．

⑤ ただし，つねに検索ルートが一つであることから，重複したデータが登録されるケースがある．

2. ネットワーク型データベース

① 階層型データベースと比べ，多数対多数のデータベースを構築することが可能となる．

② 木構造である階層型データベースとは異なり，その構造は網目状のようなネットワークとなる．

③ 最近では，ネットワーク型データベースよりも，リレーショナル型データベースが使われるようになっている．

3. リレーショナルデータベース

最も普及しているデータベースの方式は，リレーショナルデータベースであり，単にデータベースといった場合は，リレーショナルデータベースを指すことが多い．**リレーショナルデータベース**（Relational database）は，**RDB**や**関係データ**

ベースともいわれ，1件のデータを複数の属性の値の組として表現し，組を列挙することでデータを格納していく仕組みである．属性を列に，組を行とする表形式（テーブル）で表されることが多い．

関連する属性値を組み合わせた1件のデータのまとまりを**レコード**（Record）と呼び，レコードを構成する個々の属性値を**フィールド**（Field）という．表の形に表した場合には，レコードが**行**（Row）に，フィールドが**列**（Column）に対応する．リレーショナルデータベースには，複数の表に含まれる同じ属性のデータをたがいに関連付けることができ，複雑なデータや大規模なデータを柔軟に取り扱うことができる利点がある．

リレーショナルデータベースは，**リレーショナルデータベース管理システム**（RDBMS：Relational Database Management System）と呼ばれる専用のソフトウェアによって作成，運用されることが多い．データベースの管理はRDBMSが行い，他のソフトウェアから必要なデータを利用する場合は，そのソフトウェアがRDBMSに接続して操作を依頼することになる．RDMBSへの指示にはSQLという言語が標準的に用いられ，データベースの作成や削除，テーブルへのデータの追加や更新，指定した条件を満たすデータ集合の抽出などの操作を行うことができる．

SQL（Structured Query Language）とは，リレーショナルデータベースの管理や操作を行うための人工言語の一つで，業界標準として広く普及しており，さまざまなデータベース管理システムで利用できる．

5·2·2 データベースの種類

近年，商用ソフトウェアと同等，またはそれ以上の性能と品質をもったオープンソースソフトウェアが多くの場面で利用されるようになってきた．**オープンソースソフトウェア**（open source software）は，単に**オープンソース**とも呼ばれ，人間の理解しやすいプログラム言語で書かれたプログラムを広く一般に公開し，誰でも自由に扱ってよいとするソフトウェアを意味している．データベースも例外ではなく，オープンソースソフトウェアのデータベースシステムが利用されるケースが多い．その代表格とされるデータベースは，PostgreSQLとMySQLがあげられる．

1. PostgreSQL

PostgreSQLは，**ポスグレ**ともいわれ，1970年後半にカリフォルニア大学バークレー校（UCB）で開発されたデータベースソフトウェアである．日々，機能強化

と改良が加えられており，現在は PostgreSQL Global Development Group が中心となって開発を進めている．BSD ライセンスが採用されており，ソースコードが公開されているため無償で利用でき，改良した場合はソフトのソースコードを公開することなく，別の名前で販売することができるライセンスである．PostgreSQLの特徴は以下のとおりである．

① 有償データベースソフトウェアに近い機能を備えている．
② トランザクション処理に優れている．
③ 開発やリリースが迅速である．
④ 有償サポートの選択肢が多い．
⑤ 国内におけるシェア率も高く，日本語による情報提供が迅速である．

2. MySQL

MySQL は，スウェーデンの MySQL 社により開発され，1995 年に初版が公開されている．2008 年にサン・マイクロシステムズ（Sun Microsystems）社に，その後，Oracle 社に買収された．日本では，MySQL の日本語化を行う日本 MySQLユーザ会が活動を行っている．GPL ライセンス，または商用ライセンスのどちらかにしたがうか選択できる．MySQL の特徴は以下のとおりである．

① 高速性と堅牢性を備えている．
② マルチユーザおよびマルチスレッドで動作する．
③ Web のバックエンドデータベースとしての実績や事例が非常に豊富であり，世界シェアでは群を抜く利用実績がある．

これら以外にも，さまざまなデータベースソフトウェアが存在している．たとえば，C/C++ 言語で利用されるものとしては，Firebird や Ingres があり，Java 言語関係では，Apache Derby，HSQLDB などがある．

5・2・3 データベースの操作

次に，簡単なデータ型と演算子について説明する．まず，主なデータ型を以下に示す．

1. データ型

① **文字列型**

　CHAR(n)：固定長文字列（*n* 文字の文字列を格納できる）．

　VARCHAR(n)：可変長文字列（*n* 文字以内で，自由な長さの文字列を格納できる）．

② **数値型**（整数型，実数型）

　INTEGER：整数を扱うときに指定するデータ型であり，符号付き整数を格納できる．

　NUMERIC(m(,n))：小数点を含む数値を扱うときに指定するデータ型であり，指定された桁数と小数点位置をもつ数値を定義する．

③ **日付時刻型**（日付型，時刻型）

　DATE：YEAR，MONTH，DAY という 3 つの整数フィールドの集合をもち，日付（年，月，日）を表現する．

　TIME：HOUR，MINUTE，SECOND という 3 つの整数フィールドの集合をもち，時刻（時，分，秒）を表現するデータ型である．

　TIMESTAMP：DATE と TIME の組み合わせである．

2. 演算子

　データベースにも他のプログラム言語と同様，演算子が用意されている．次に，演算子について以下に示す．**演算子**とは，演算内容を指示する記号のことである．算術演算子は一般的にもっともよく使われる演算子であり，算術演算子と SQL を組み合わせることで，テーブルに登録されているデータに対して，計算した結果を取得することができる．

① **算術演算子**

+	加算
−	減算
*	乗算
/	除算
%	剰余

② **比較演算子**

=	等しい

!=	等しくない
> または >=	より大きい，以上
< または <=	より小さい，以下
BETWEEN 〜 AND	範囲との比較
IN	値リストとの比較
IS NULL	データが格納されていない（NULL値）
IS NOT NULL	データが格納されている
LIKE	文字列のあいまい検索

③ **論理演算子**

AND	論理積
OR	論理和
NOT	論理否定

3. 演算子の例

次に，算術演算子，比較演算子，論理演算子の利用例を以下に示す．

① a は 5 または 10

```
( a = 5 ) OR ( a = 10 )
a IN ( 5, 10 )
```

② a は 5 以上かつ 10 以下

```
( a >= 5 ) AND ( a <= 10 )
a BETWEEN 5 AND 10
```

③ a に 50 をかけたものが 200 以上 かつ a が 10 未満

```
( a * 50 >= 200 ) AND ( a < 10 )
```

④ a は NULL ではなく，かつ b は NULL

```
( a IS NOT NULL ) AND ( b IS NULL )
```

たとえば，次のようなデータ入力済みの表があるとする．

表名：商品マスタ：master			
	商品コード	商品名	単価
列名 データ型 制約項目	code char(4) NOT NULL	name varchar(20) NOT NULL	cost numeric(20)
	A001	鉛筆	100
	A002	消しゴム	200
	B001	ものさし	300
	B002	シャーペン	500
	B003	芯	250

　このとき，商品マスタ表から商品コードと単価を取得する場合，どのような SQL命令を行えばよいか．この場合，

```
SELECT code, cost FROM master;
```

と入力すればよい．

5·3 情報セキュリティ

5·3·1　情報セキュリティに関する用語の定義

　現在，あらゆるものがインターネットにつながれており，われわれの**個人情報**が危険にさらされることも珍しくない．とくに，個人情報だけではなく，社会にはさまざまな組織が存在しており，個人情報よりも**情報資産**を守ることのほうが重要視されている．ここで，情報資産とは，以下のように定義される．

① 記録媒体
② コンピュータ
③ 書類
④ データ

⑤　人間

　情報資産については，世界の各国政府により，規格やガイドラインによってさまざまであり，その取り扱いも異なっている．上記の情報資産を有する組織内部の情報として，

①　経営情報
②　顧客情報
③　個人情報
④　開発情報
⑤　研究情報
⑥　製品情報

などがある．これらの多くが，流出した場合に多大な損失や損害を招くものであり，慎重かつ厳重に管理されている必要がある．

　こうした情報に対して想定される外部環境からの要因としては，以下のようなものがある．

①　漏えい
②　障害
③　地震・火災
④　盗難・盗聴
⑤　コンピュータウイルス
⑥　コンピュータへの不正アクセス

　これらの外部環境要因による情報漏洩は，世界中で毎日のように発生している．一方で，興味深い結果として，情報漏洩の原因の多くは，管理ミス，誤操作，紛失と置き忘れによるものが半分以上を占めていることである．これは，NPO日本ネットワークセキュリティ協会による「情報セキュリティインシデントによる調査報告書」や，IPA（情報処理推進機構）による報告書に基づいている．
　一般的に，バグやセキュリティホール，不正アクセスによる被害は，情報漏洩の

原因としてはごく一部である．しかしながら，とくに近年は，クラウドコンピューティングやビッグデータ，IoT といったように，ネットワークに常時接続した状態でシステムが運用されることが多く，この傾向はますます増えてくると考えられるため，将来的には，バグやセキュリティホール，不正アクセスを想定した対策が急務であることは事実である．

情報セキュリティという言葉の定義は次のとおりである．

情報セキュリティ（Information Security）とは，情報資産を機密性，完全性，可用性の観点から守り，正常な状態を保つことである．

① **機密性**（Confidentiality）とは，組織内部の特定の人物だけが対象のデータにアクセスでき，許可された利用者以外から，情報を不当に閲覧したり，盗まれたりすることがない状態のことである．

② **完全性**（Integrity）とは，所持している情報を正確かつ完全な状態に保持すること．情報を不当に書き換えられたり，破壊されたりしないことを意味している．

③ **可用性**（Availability）とは，データを安全に利用できる状態を保つことであり，たとえば，停電や災害の際にも，バックアップ体制などを保ち，情報を利用できなくなる状態を防ぐことを指している．

図5·4　情報セキュリティにおける CIA

5·3·2　情報セキュリティ対策

上記のような，機密性・完全性・可用性の観点から情報資産を守るためには，以下のような対策が考えられる．

① **技術的対策**　ファイアウォールによるアクセス制御，コンピュータおよび

ネットワークの管理と監視，コンピュータウイルスへの対策.

② **物理的対策**　情報システムのサーバやソフトウェア管理区域への不正な立ち入りの禁止，天災などによるコンピュータシステムの損害から保護するための保護設備の設置，入退室管理の徹底，コンピュータシステムの盗難対策.

③ **人的対策**　情報セキュリティ教育と訓練のような組織の人間に対する対策，パスワードによる管理.

さらに，上記の対策に応じたアクションを起こすことを，情報セキュリティ対策という．具体的には，以下のような対応が求められる.

① **防止機能**　個人 ID による入退室管理，コンピュータおよびネットワークへのアクセス制御.

② **抑止機能**　情報セキュリティのための十分な教育，罰則規定の組織内部への周知.

③ **回復機能**　インシデント発生時における緊急時対応の強化，バックアップの取得.

④ **検出機能**　ウイルスの検出，アクセスログやエラーの記録と監視.

企業や組織において定められ実施される，情報セキュリティ対策の行動方針や対策基準を文書化したものを，情報セキュリティポリシーという．これは，組織内の一部の人だけではなく，組織内部におけるすべての人が実施する必要がある．たとえば，以下のような基本方針があげられる.

① ノートパソコン持ち出しの際における管理簿の徹底
② 持ち出し PC における制御ソフトウェアの導入
③ 外部記録媒体の利用制限
④ 公共の場所でのデータ閲覧

5・3・3　情報セキュリティ実践の効果

こうした情報セキュリティポリシーの組織への策定と導入により，以下のような効果が見込まれる.

① コスト削減
② リスク削減
③ 責任区分の明確化
④ インシデント発生時における組織へのダメージ防止と利害関係者からの信頼確保
⑤ 情報資産保護に対する内部組織全体の意識やモラルの向上

　とくに，情報セキュリティは，つねに改善されなければ意味がない．すなわち，よく知られている PDCA（Plan，Do，Check，Act）のような改善活動に基づき，その時代や環境に合った内容に変化・修正する必要がある．図 5・5 に，情報セキュリティポリシーの改善例を示す．

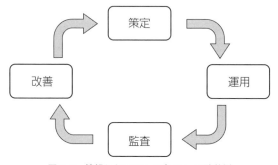

図 5・5　情報セキュリティポリシーの改善例

5・4 ┃ 情報セキュリティマネジメント

5・4・1　情報セキュリティマネジメントの例

　今日の情報化社会において企業活動を行うためには，情報システムの構築と活用は不可欠であり，コンピュータネットワークを利用してさまざまな業務が遂行されている．組織のコンピュータネットワークは，クライアントがサーバを介して他のクライアントやサーバに接続できるシステムを利用している．サーバは特定のサービスを行うコンピュータであり，メールの送受信はメールサーバ，Web コンテンツを公開する Web サーバ，データベースなどの情報を格納するファイルサーバな

ど種々のサーバがある.

Web または WWW と略される World Wide Web は，インターネット上で標準的に用いられている文書情報の公開・閲覧するシステムで，世界の人々や組織に広く利用されている．インターネットが普及し，大量の情報を短時間に世界に発信し，また世界からの情報を収集することが容易になってきた．これにともない，インターネットを悪用する危険性も増大し，情報セキュリティに関するリスクに対する対策は，組織の重要課題の1つになっている.

表5・1　情報セキュリティの主な脅威[4]

個　人	順位	組　織
インターネットバンキングやクレジットカード情報の不正利用	1位	標的型攻撃による情報流出
ランサムウェアを使った詐欺・恐喝	2位	内部不正による情報漏えいとそれにともなう業務停止
審査をすり抜け公式マーケットに紛れ込んだスマートフォンアプリ	3位	ウェブサービスからの個人情報の窃取
巧妙・悪質化するワンクリック請求	4位	サービス妨害攻撃によるサービスの停止
ウェブサービスへの不正ログイン	5位	ウェブサイトの改ざん
匿名によるネット上の誹謗・中傷	6位	脆弱性対策情報の公開にともない公知となる脆弱性の悪用増加
ウェブサービスからの個人情報の窃取	7位	ランサムウェアを使った詐欺・恐喝
情報モラル不足にともなう犯罪の低年齢化	8位	インターネットバンキングやクレジットカード情報の不正利用
職業倫理欠如による不適切な情報公開	9位	ウェブサービスへの不正ログイン
インターネットの広告機能を悪用した攻撃	10位	過失による情報漏えい

表5・1は，情報処理推進機構が情報セキュリティ分野の専門家の投票によって順位づけた**情報セキュリティの主な脅威**をまとめたものである[4].

わが国では，情報セキュリティに関する JIS 規格は，2018 年版の国際規格である **ISO/IEC 27000**：「情報技術—セキュリティ技術—情報セキュリティマネジメントシステム（**ISMS**：Information Security Management System）」をもとに，以下のように定めている.

① **JIS Q 27000**：情報技術—セキュリティ技術—情報セキュリティマネジメントシステム—用語

② **JIS Q 27001**：情報技術―セキュリティ技術―情報セキュリティマネジメントシステム―要求事項
③ **JIS Q 27002**：情報技術―セキュリティ技術―情報セキュリティ管理策の実践のための規範
④ **JIS Q 27006**：情報技術―セキュリティ技術―情報セキュリティマネジメントシステムの審査および認証を行う機関に対する要求事項
⑤ **JIS Q 27014**：情報技術―セキュリティ技術―情報セキュリティガバナンス
⑥ **JIS Q 27017**：情報技術―セキュリティ技術―**JIS Q 27002** に基づくクラウドサービスのための情報セキュリティ管理策の実践の規範

　上記の規格は，**ISMS ファミリ規格**と呼ばれている．現代では，ISMS ファミリ規格に基づいて，情報セキュリティに関するマネジメントを実施していくことが求められているから，本書では，これらの規格に示された用語や概念を基本として情報セキュリティマネジメントについて解説する．

5·4·2　情報セキュリティマネジメントの実践

　先にも述べたが，個人や組織が用いる情報には，情報の機密性，完全性，可用性という３つの性質が満たされている必要がある．
　ISO 規格における情報の**機密性**とは，認可されていない個人，エンティティまたはプロセスに対して，情報を使用させず，また開示しない特性と定義されている．ここに，**エンティティ**とは，実体や主体ともいわれ，情報を使用する人や組織，情報を扱う設備，ソフトウェアや物理的メディアなどの情報にアクセスしたり，閲覧しようとしたり，操作しようとする行為を行うものを指している．
　エンティティとは，基本的には人を指しているが，人が操作しなくとも自動的に機能するソフトウェアや機器が情報システムにアクセスすることは可能であるから，そのような場合も含めて，情報に働きかける主体を意味している．
　したがって，情報の機密性を守るということは，許可されている人やエンティティだけには情報を開示し，使用できるようにするが，許可されていない人やエンティティには，開示も使用もできないようにすることである．情報の**完全性**とは，正確さ，および完全さの特性を指す．情報の**可用性**とは，認可されたエンティティが要求したときに，アクセスと使用が可能である特性を意味している．
　ISO 規格では，**情報セキュリティ**を，情報の機密性，完全性および可用性を維持

することと定義している[5].**情報セキュリティ事象**（Information Security Event）とは，情報セキュリティ方針への違反，管理策の不具合の可能性，またはセキュリティに関係し得る未知の状況を示すシステム，サービスまたはネットワークの状態に関連する事象をさし，このような事象の発見と対策が必要になる.

とくに，望まない単独または一連の情報セキュリティ事象や，予期しない単独または一連の情報セキュリティ事象であって，事業運営を危うくする確率や情報セキュリティを脅かす確率が高いものを**情報セキュリティインシデント**（Information Security Incident）と呼んでいる．情報セキュリティインシデントを検出し，報告し，評価し，応対し，対処し，さらにそこから学習するためのプロセスは，**情報セキュリティインシデント管理**（Information Security Incident Management）であり，新たに発生する脅威に対応するマネジメントが必要になる.

企業や組織の活動においては，社会や外部環境からのさまざまなリスクに対する対応も求められており，情報セキュリティを含めたリスク管理の課題も組織の重要な課題の一つとなっている．このような新しいマネジメントに対して，ISO のマネジメントシステムの考え方は有効であるといえる.

リスク（Risk）とは，目的に対する不確かさの影響と定義される．ここに，**目的**（Objective）とは，達成するための結果を意味し，ISMS の場合，組織は，特定の結果を達成するために，情報セキュリティ方針と整合性を取って設定された情報セキュリティ目的を指している．**リスクレベル**（Level of risk）とは，リスクの大きさを指し，結果の内容とその結果の起こりやすさ（事象が起こる可能性）の組み合わせで表現される．**リスクマトリックス**（Risk matrix）は，結果と起こりやすさの範囲を明確にして，リスクの順位と大きさを表形式にまとめたものである．**残留リスク**（Residual risk）とは，保有リスクともいい，リスク対応を行った後に残っているリスクを指し，残留リスクには特定されていないリスクも含まれることに留意する必要がある.

攻撃（Attack）とは，資産の破壊，暴露，改ざん，無効化，盗用，または認可されていないアクセスや使用の試みをいう．**脅威**（Threat）とは，システムや組織に損害を与える可能性がある原因，または望ましくない情報セキュリティインシデントの潜在的な原因を意味している．**ぜい弱性**（Vulnerability）とは，1 つ以上の脅威によって付け込まれる可能性のある資産や管理策の弱点である．とくに情報セキュリティにおけるぜい弱性は，ある結果を生じさせる事象につながるリスク源に対して，システムの敏感さを表す特性を意味している．ここに，**管理策**（Control）

とは，リスクを修正する対策をいい，リスクを軽減したり，無効化したりなどのリスクに変化を与えるためのあらゆる活動や，方針，仕掛け，業務，およびその他の処置を表す対策を指している．

リスク特定（Risk identification）とは，リスクを発見し，認識し，記述することである．**リスク基準**（Risk criteria）とは，リスクの重大性を評価するための目安とする条件であり，リスク基準は，組織の目的，外部状況，内部状況に基づいて，法律，規格，方針，要求事項などによって決定される．**リスク分析**（Risk analysis）とは，リスクの特質を理解し，リスクレベルを決定することである．**リスク評価**（Risk evaluation）とは，リスク分析の結果をリスク基準と比較することであり，リスクとその大きさが受容できるか，または許容できるかを決定することである．**リスクアセスメント**（Risk assessment）とは，リスク特定，リスク分析とリスク評価という全体を包括するプロセスを指している．**リスクマネジメント**（Risk management）は，リスクについて組織を指揮し，制御するために調整を行う活動である．

リスク受容（Risk acceptance）とは，ある特定のリスクをとるという情報に基づいて意思決定をすることであり，リスク対応をしないでリスク受容となる場合もあり，またリスク対応プロセスを実施中にリスク受容することもある．**リスク対応**（Risk treatment）とは，リスクを修正するプロセスと定義されている．リスク対応には，以下の活動が考えられる．

① リスクを生じる活動を開始したり，継続しない対策を実施して，リスクを回避する．
② ある機会（チャンス）を求めるために，あえてリスクをとる，またはリスクを高める．
③ リスク源を除去する．
④ リスクの発生の可能性を変化させる（活動によっては，リスクの可能性を低くすることも，また逆に高めることもありうる）．
⑤ リスクが生じた場合の結果を事前に変化させる．
⑥ 他者とリスクを共有し，たとえばリスクに対する保険を掛けて，経済的な救済措置（リスクファイナンシング）をとる．

好ましくない結果の対処するリスク対応には，リスク軽減，リスク排除，リスク

予防, リスク低減などがある. リスク軽減は, リスクによる被害を軽くする意味であり, リスク低減は, リスクそのものの大きさを小さくする意味である. **リスクファイナンシング**（Risk financing）とは, 財務面で経済的損失を生じる結果が発生した場合に, それに対応するため, または修正するための資金を提供する臨時的措置を表すリスク対応を意味している.

　リスクマネジメントの枠組み（Risk management framework）とは, 組織全体にわたって, まずリスクマネジメントを設計し, その実践を行い, モニタリング, レビュー, 継続的改善を進め, 組織内のルールを決定していく一連の基盤となる諸活動を指している. リスクマネジメントにおいても, その方針を明確にすることは, すべての活動の出発点になる. **リスクマネジメント方針**（Risk management policy）は, リスクマネジメントに関する組織の全体的な意図や方向性を表明したものである. **リスクマネジメント計画**（Risk management plan）では, リスクマネジメントの枠組みにおいて, リスクの運用管理の基本として, 諸活動の内容, 諸活動の構成要素と使用する経営資源を規定した構想をあきらかにする. ここに, 主な構成要素には, 手順, 実務, 責任の割当て, 活動の順序, 活動の実施時期などがある.

　リスクに対する対応のとり方によって, 組織の運営に重大な支障をきたす恐れがあるため, リスクマネジメントにおいてコミュニケーションおよび協議は, とくに重要なプロセスである. **コミュニケーションおよび協議**（Communication and consultation）とは, リスクの運用管理について, 情報を取得し, 提供し, 共有し, ステークホルダー（利害関係者）との対話を行うことであり, 組織が継続的に繰り返し行う活動を意味している.

　リスクに関する情報には, リスクの存在, その特質, 形態, 起こりやすさ（可能性）, リスクによる被害の重大性, 評価, 受容の可能性, リスクへの対応策などの運用管理に必要な事柄を指している. 協議とは, 対策の方向性や選択に関する意思決定の前に, 組織とステークホルダーとの間で行われる双方向の意見交換や検討であり, 権力を行使するものでなく, また共同で決定するものでもなく, 各責任者の意思決定の参考にするための活動である.

5章 | 練習問題

問題5・1 われわれの社会において,「システム」と名前のつくものを大規模, 中規模, 小規模に分けて列挙しなさい.

問題5・2 上記で挙げた「システム」に関して, そのシステムにおける Input と Output について具体的に説明しなさい.

問題5・3 5・2節に示した商品マスタ表から, すべての行のすべての列のデータを抜き出すには, どのような SQL 文を入力すればよいか.

問題5・4 NPO 日本ネットワークセキュリティ協会による「情報セキュリティインシデントによる調査報告書」や, IPA(情報処理推進機構)のウェブサイトを閲覧し, 近年の情報漏洩に関する情報を収集し, その結果について考察しなさい.

問題5・5 現在所属している組織における情報セキュリティポリシーを調査せよ. もし情報セキュリティポリシーが策定されていなければ, どのような情報セキュリティポリシーが必要か議論しなさい.

問題5・6 個人や組織が用いる情報として満たす必要のある3つの性質を説明せよ.

問題5・7 代表的な情報セキュリティの脅威について, 例をあげて説明しなさい.

問題5・8 情報セキュリティ事象とは何かを説明しなさい.

06

知識情報処理

本章では知識情報処理の基礎的概念について学習する．人間の認識機構とは異なり，コンピュータが物体を認識するためには手続き的な処理が必要である．認識のための手続き処理にはさまざまな手法が存在するが，本章では代表的な認識手順について学ぶ．近年では機械学習という方法もあり，基礎的な学習アルゴリズムについてはふれるが，ニューラルネットワークやディープラーニングなど最新技術の紹介は次章に譲る．

6·1 | 木探索

6·1·1 木構造と探索

情報処理で対象となるデータは，図 **6·1** に示すような**木構造**（tree structure）で保存するとデータ探索を効率よく行うことができる．図 **6·1** において，○ を**節点**（node），あるいは**ノード**（node），○ を接続する線を**枝**（branch）という．また，最上段にあるノードを**根**（root）といい，相対的に上位のノードを**親ノード**

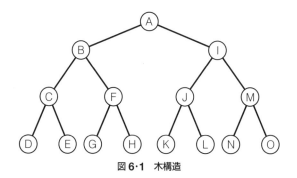

図 6·1　木構造

(parent node)，下位のノードを**子ノード**（child node）という．さらに，同じ親ノードをもつ子ノードを**兄弟ノード**（sibling node），子ノードを持たないノードを**葉**（leaf）という．

図**6·1**ではAが根，Aから見てBが子ノード，Bから見てAが親ノードであり，BとIは兄弟ノード，D，E，G，H，K，L，N，およびOが葉である．図**6·1**のように対象データを木構造にしておくと，データ検索では木構造のノードを順に探索すればよいことになる．探索手順として，主に次の2手法がある．

① **深さ優先探索**（depth-first search）　根から探索を始めて子ノードを優先的に探索する方法であり，兄弟ノードでは左を優先する．図**6·1**ではA→B→C→Dと探索し，Dは葉であるため，親ノードであるCに戻った後，Cの子ノード（Dの兄弟ノード）であるEを探索する．以下，同様にして左の子ノードを優先的に探索し，葉になったら親ノードに戻って右にある兄弟ノードを順次探索する．

② **幅優先探索**（breadth-first search）　兄弟ノードを優先的に探索し，兄弟ノードがなくなったら子ノードを探して，子ノードの兄弟ノードを探索する．兄弟ノードの探索では左を優先し，左から順に右のノードを探索する．図**6·1**ではA→B→Iと探索し，Bの兄弟ノードがなくなったらBの子ノードであるCを探してCの兄弟ノードをC→Fと探索し，以下同様の探索を繰り返す．

6·1·2　二分木

木構造において子ノードの数はいくつでも構わないが，子ノード数が高々2である木を**二分木**（binary tree），子ノード数が必ず2か0である二分木を**全二分木**（full binary tree），さらに図**6·1**のように子ノード数が必ず2か0であり，し

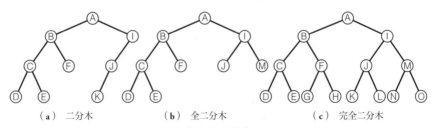

（**a**）二分木　　　　　（**b**）全二分木　　　　　（**c**）完全二分木

図6·2　二分木

かも子ノードの深さがすべて同じ全二分木を**完全二分木**（perfect binary tree or complete binary tree）という．図**6·2**に例を示す．

2·7 節で学習した逆ポーランド記法も二分木を用いて表現することができる．図**2·6** では A = B * (C − D) を逆ポーランド記法に変換して，ABCD − * = となった．この結果を二分木で表現すると図**6·3** となる．

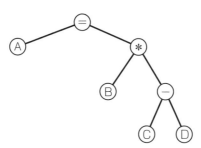

図6·3　逆ポーランド記法の二分木表現

図**6·3** ではノードに演算子，葉に被演算子が記載されており，深さ優先探索を施して，兄弟ノードに関しては左優先で演算をすれば正しく計算できる．また，ゲームに関しては対戦相手が打つ手に対して自分の手を考え，相手と自分の手をすべて考慮した木を考えることで最も有利な手を取ることができる．このように，何かの行動を決定するための木構造グラフを**決定木**（decision tree）という．

6·1·3　さまざまな木構造

通常は二分木でデータ構造を作ることが多い．しかしながら，画像などの 2 次元空間に広がっている領域を対象とする場合，領域を縦横それぞれで 2 分割すると領域は 4 分割されるため，子ノード数は 4 となる．このように子ノード数が高々 4 となる木を**四分木**（quad tree）という．

さらに，3 次元空間を縦横高さそれぞれに対して 2 分割すると領域は 8 分割されるため，子ノード数は 8 となり，このように子ノード数が高々 8 となる木を**八分木**（cctree）という．四分木は画像の階層化や探索に，また八分木は空間の階層化や探索に用いられる．画像の分割と四分木表現の例を図**6·4** に示す．

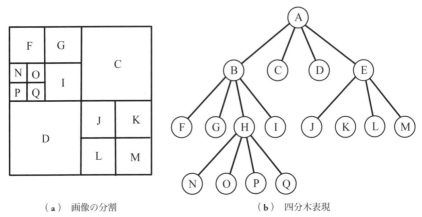

（a） 画像の分割 （b） 四分木表現

図6·4 画像の分割と四分木表現

6·2 | パターン認識

6·2·1 特徴ベクトル

　音声や画像，あるいは3次元物体をコンピュータが認識する場合，対象物を構成するさまざまな特徴から一定の規則性を見出し，この規則性の類似度によって対象物の認識を行う手法を**パターン認識**（pattern recognition）という．また，認識の基になる特徴量の規則性を**パターン**（Pattern）という．

　たとえば，**音声認識**（speech recognition）では，音の素となる**音素**（phoneme）や音の**周波数成分**（frequency component）を特徴量として認識パターンが構成され，画像認識では物体を構成する色や輪郭を構成するエッジなどが特徴量となってパターンが構成される．音声や画像など自然界の現象は**雑音**（noise）が多く含まれるため，**ノイズ除去**（noise reduction）などの**前処理**（pre-processing）が必要である．また，声の大きさや画像サイズなどもさまざまであるため，スケールを統一する必要があり，通常は**正規化**（normalization）処理を施す．

　認識に用いるパターンは複数の特徴量からなる．つまり，**特徴ベクトル**（feature vector）を構成する．観測された事象の特徴ベクトルを $x = (x_0, x_1, \cdots, x_{M-1})$，登録されている特徴ベクトル，つまり，パターンベクトルを $p = (p_0, p_1, \cdots, p_{M-1})$ とすると，二つのベクトルの類似度は次式で計算できる．

$$\frac{\boldsymbol{x} \cdot \boldsymbol{p}}{|\boldsymbol{x}\| \boldsymbol{p}|} = \frac{\sum_{i=0}^{M-1} x_i p_i}{\sqrt{\sum_{i=0}^{M-1} x_i^2}\sqrt{\sum_{i=0}^{M-1} p_i^2}}$$

なお，特徴ベクトルがすでに正規化されていれば，上式は次のとおり簡単になる．

$$\boldsymbol{x} \cdot \boldsymbol{p} = \sum_{i=0}^{M-1} x_i p_i$$

パターン認識で用いられるパターンは**テンプレート**（template）ともいわれるため，最も類似度の高いテンプレートを求めることにより認識を行う方法を**テンプレートマッチング**（template matching）ともいう．

6·2·2　パターン認識の応用

パターン認識で最も有名な応用例は**光学文字認識**（OCR：Optical Character Recognition）である．紙に印刷された文字を**イメージスキャナ**（image scanner）などで**ディジタル画像**（digital image）としてコンピュータ内に取り込み，データベースに登録されている文字パターンと比較して最も類似度の高い文字であると判断する技術である．

文字は 0 or 1 の**2値画像**（binary image）として表現できるから，文字サイズを一定の大きさに正規化しておき，画像を構成する**画素**（pixel）の数に対応した次元のテンプレートを用意する．同様にして，イメージスキャナなどでコンピュータ内に取り込まれた文字も正規化された2値画像として表現し，上記式を用いて類似度を計算した結果，最も類似度の高い文字と判断する．

同様な手法は人物の検出や認識にも応用されている．人間の顔には両目，鼻，および口という特徴があり，サングラスをしたり，マスクをしたりしていなければ，これらの顔の特徴をとらえることができる．一般的な人を対象とした**平均顔**（average face）を作成しておき，これらの顔の特徴をパターンとして用いれば，人間の検出や計測を行うことができる．

たとえば，セミナーに参加している人数を自動計測することができる．しかしながら，平均顔の特徴では**個人認証**（personal authentication）はできない．個人認証するためには逆に平均顔の特徴ではなく，各個人の特徴をとらえたパターンを用意しておく必要があり，これらの特徴はできるだけ平均顔の特徴とは類似していない特徴をもつ必要がある．類似した特徴量を使用すると，それだけ**誤認識**（misrecognition）を起こしやすくなる．

6·3 | 学習アルゴリズム

6·3·1 機械学習

従来は認識対象物の特徴をもつパターンをデータベースに登録し，パターンとの類似性により物体の認識を行う手法が主流であったが，近年では大量のデータを計算機に与えることにより，計算機自身が学習して認識率を向上させるという**機械学習**（machine learning）が主流となりつつある．機械学習にはさまざまな手法が存在するが，単一の手法では誤認識が多くなるため，さまざまな手法の組み合わせにより認識率を高める手法を**アンサンブル学習**（ensemble learning）という．また，一つ一つは識別能力の低い学習器〔**弱識別器**（weak classifier）〕でも，これらの学習器をまとめることで識別能力の高い学習器〔**強識別器**（strong classifier）〕を得ることができる．このように弱識別器を基に強識別器を構成する手法を**ブースティング**（boosting）という．

機械学習を行うためには学習データが必要であり，学習にはある程度多くのデータを必要とする．しかしながら，アンサンブル学習で複数の学習器を構築するために元データを均等に分割すると，一つの学習器を構築するためのデータ数が少なくなり，識別精度が低下する．一方，複数の学習器構築用に同じデータを使用したのではまったく同じ学習器しか構築できないため，ブースティングによる強識別器の構築は行えない．そこで，重複可能な条件下で元データから一定数のデータを抽出して複数の学習器を構築し，構築された複数の学習器による予測の多数決や平均によって識別を行う手法は**バギング**（bagging），あるいは**ブートストラップ・アグリゲーティング**（bootstrap aggregating）と呼ばれる．元データからの重複を許しているため，複数の学習器は類似の性質をもつが，同一の学習器ではないため，アンサンブル学習の効果は期待できる．

同様に，元データから重複を許してランダムに一定数のデータを抽出し，抽出されたデータを基に，対象物を識別するための決定木を複数構築する．そして，構築された複数の決定木の予測平均を取って最終的な予測を行う方法が**ランダムフォレスト**（random forest）である．ランダムに選択されたデータを基に構築された複数の決定木が森を構成しているようなイメージである．

6·3·2　AdaBoost

　バギングやランダムフォレストは，重複を許して抽出されたデータを基に，独立
して構築された学習器による予測の平均を採用する手法であった．元データからの
抽出に対しては重複を許しているため，複数の識別器は類似の性質をもつものの，
各識別器は独立した予測結果を出力する．これに対して，識別器をまったく独立し
て構築するのではなく，いったん構築された識別器の誤りを補うように次の識別器
を構築する．つまり，**適応的**（adaptive）に**ブースティング**（boosting）を行う手
法は AdaBoost と呼ばれる．

　学習データを $x = (x_0, x_1, \cdots, x_{m-1})$，$x$ に対する教師データを $y = (y_0, y_1, \cdots, y_{m-1})$ とした場合，AdaBoost を用いた2分類識別器構築手順を以下に示す．な
お，2分類であるから，教師データは以下の2種類である．

$$y_i = \begin{cases} +1 & if\ x_i\ is\ correct \\ -1 & if\ x_i\ is\ incorrect \end{cases}$$

　弱識別器 $h = (h_0, h_1, \cdots, h_{n-1})$ を n 個構築し，弱識別器の線形結合で強識別器
H を構築する．h は2分類の識別器であるから，出力は教師データと同じく $+1$ or
-1 である．予測の確率分布関数を $f = (f_0, f_1, \cdots, f_{n-1})$ とすると，最初の予測は
学習データが m 個あるので均等に，

$$f_0(x_i) = \frac{1}{m} \quad (i = 0, 1, \cdots, m-1)$$

となる．次に，予測の確率分布関数 f_k（$k = 0, 1, \cdots, n-1$）を次の手順にしたがっ
て順次更新する．まず，次式にて弱識別器 h_j（$j = 0, 1, \cdots, n-1$）の予測誤差 ε_j
（$j = 0, 1, \cdots, n-1$）を求める．

$$\varepsilon_j = \sum_{i=0}^{m-1} f_k(x_i) g_j(x_i) \quad (i = 0, 1, \cdots, m-1)\ (j = 0, 1, \cdots, n-1)$$

　ただし，

$$g_i(x_i) = \begin{cases} 1 & if\ h_j(x_i) \neq y_i \\ 0 & if\ h_j(x_i) = y_i \end{cases} \quad (i = 0, 1, \cdots, m-1)\ (j = 0, 1, \cdots, n-1)$$

である．さらに，ε_j の最小値 ε_k を取る h_j を h_k とし，確率分布関数 f_k（$k = 0, 1, \cdots, n-1$）を次の手順で更新する．

$$f_{k+1}(x_i) = \frac{f_k(x_i)e^{-\alpha_k y_i h_k(x_i)}}{\sum_{i=0}^{m-1} f_k(x_i)e^{-\alpha_k y_i h_k(x_i)}}$$

ただし，$\alpha_k = \dfrac{1}{2}\ln\left(\dfrac{1-\varepsilon_k}{\varepsilon_k}\right)$ であり，

$$y_i h_k(x_i) = \begin{cases} +1 & if\ h_k(x_i) = y_i\quad (correct) \\ -1 & if\ h_k(x_i) \neq y_i\quad (incorrect) \end{cases}$$

となる．ここで，ε_k が小さいほど α_k は大きくなり，逆に h_{k+1} の確率分布関数は小さくなるように設定する．ただし，$\varepsilon_k > 0.5$ となると，$\alpha_k < 0$ となるため，弱識別器の抽出は終了する．上記手順を繰り消すことで弱識別器 $\boldsymbol{h} = (h_0, h_1, \cdots, h_{t-1})\ (t \leq n)$ を選択し，重み $\boldsymbol{\alpha} = (\alpha_0, \alpha_1, \cdots, \alpha_{t-1})$ を用いて線形結合することで強識別器 H を構築する．

$$H(\boldsymbol{x}) = sign\left(\sum_{k=0}^{t-1}\alpha_k h_k(\boldsymbol{x})\right)$$

ただし，

$$sign(x) = \begin{cases} +1 & x \geq 0 \\ -1 & x < 0 \end{cases}$$

である．

6·3·3　線形分離と SVM

　上記のように，観測データを正解と不正解の2つに分類する機会は多い．この場合，1次関数を用いて**線形分離**（linear separation）できれば分類は簡単であるが，一般的に線形分離することは困難である．そこで，分離空間の次元を上げることによって，超空間上で分離平面を求めて2分類を行う手法が**サポートベクターマシン**（SVM：Support Vector Machine）である．分離平面を構成する際，できるだけ観測データと分離平面との距離を大きく取ったほうが識別精度は向上する．このように，分離平面と観測データとの距離をできるだけ大きくすることを**マージン最大化**（margin maximization）という．

　その他の推論手法として，**ニューラルネットワーク**（neural network）や**ディープラーニング**（deep learning）などもあるが，これらの説明は次章に譲る．

6·4 画像認識

6·4·1 特徴抽出と画像解析

画像認識（image recognition）とは，画像に写っている物体が何かを判別することであり，単に画像中の物体判別だけでなく，画像のどの位置に何が写っているのか，あるいは画像に写っている物体の位置関係や特徴なども調べることを**画像解析**（image analysis）という．画像から特徴を抽出することを**特徴抽出**（feature extracton）といい，画像の特徴には以下のものがある．

① **属性**（attribute） 物体を構成する画素の輝度や色，あるいは画像の周波数成分など．
② **領域**（region） 類似属性をもつ画素の集合．
③ **輪郭** 異なる領域の境を構成する画素の集合．**エッジ**（edge）ともいう．

また，画像認識や画像解析のためには次の手順が必要である．

① **前処理**（pre-processing） 画像の特徴抽出をできるだけ容易するための処理．濃度変換，ノイズ除去，鮮鋭化，歪補正などがある．
② **特徴抽出** 画像から特徴となる属性や領域，あるいは輪郭などを抽出する処理．
③ **領域分割**（segmentation） 画像中で同じ属性をもつ領域に分割する処理．
④ **形状認識**（shape recognition） 画像に写る物体の大きさや方向性など形状に関する特徴を調べる処理．
⑤ **物体抽出**（object extraction） 画像から類似属性をもつ物体を抽出する処理．
⑥ **画像解析** 抽出物体の位置関係などから画像が何を写しているのかを調べること．

6·4·2 指文字の認識

画像の認識例として，パターン認識を用いた**指文字**（fingerspelling）の認識を取り上げる．指文字とは**視覚言語**（visual language）である**手話**（sign language）

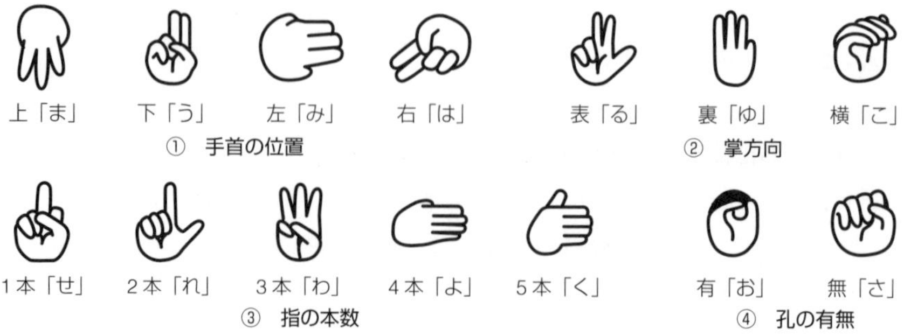

上「ま」　下「う」　左「み」　右「は」　　表「る」　裏「ゆ」　横「こ」
①　手首の位置　　　　　　　　　　　②　掌方向

1本「せ」　2本「れ」　3本「わ」　4本「よ」　5本「く」　　有「お」　無「さ」
③　指の本数　　　　　　　　　　　　　　④　孔の有無

図 6·5　指文字の分類

で使用される文字であり，日本手話では手の形を五十音の一つ一つに対応させた文字である．手首の位置や指の本数により，文字の違いを認識することができる．指文字の例を図 **6·5** に示す．図 **6·5** に示すように，指文字は次の 4 つの特徴により，大分類を行うことができる．

①　**手首の位置**　手首の位置が上下左右どの位置にあるのかで指文字を識別する．ただし，掌が見えているのか，あるいは，手の甲が見えているのかは区別しない．

②　**掌方向**　掌が見えている表なのか，それとも手の甲が見えている裏なのかを識別する．ただし，指文字「こ」のように手が横を向いているために，掌の一部のみが見えている場合もある．

③　**指の本数**　伸びている指の本数で指文字を識別する．ただし，手首の位置や掌方向は区別しない．

④　**孔の有無**　指文字に穴（孔）が存在するのかどうかで識別する．手首位置や掌方向，さらに指の本数が同じでも孔の有無により識別可能な指文字がある．

　　上記指文字の特徴を用いたパターン認識による決定木を作成すると，図 **6·6** のようになる．ただし，図 **6·6** では上記特徴以外に，連結点の有無や線分の本数も特徴として用いているが，これらは画像処理で指の曲がり具合や指の分離に必要な要素であり，また，背景画素の割合は指文字「こ」特有の特徴である．

　　図 **6·6** に示す決定木の葉において指文字が一意に決定される場合は，本決定木のみで識別可能であるが，葉が「＊」となる場合は一意に決定することができな

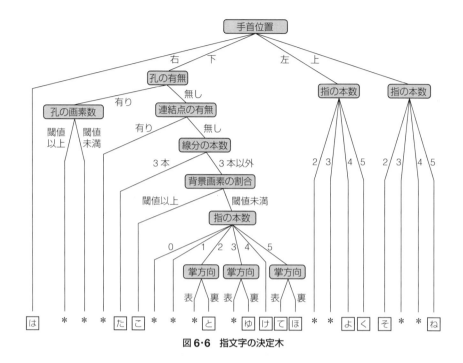

図6·6 指文字の決定木

い．このような場合は，「＊」に含まれる指文字を識別できる特徴を調べて，さらなる分類を行う必要がある．さらに，それでも識別困難な指文字にはサポートベクターマシンを使用した学習器による識別が必要となる．

　識別困難な指文字にはサポートベクターマシンなどを使用した学習器による識別が必要である．たとえば，図6·7に示す指文字は類似性が非常に高いため，パターン認識だけでは識別が困難であり，機械学習を適用する必要がある．しかしながら，画像そのものだけでは識別に充分な特徴が得られないこともあり，このような場合にはエッジや輝度勾配などを利用する方法が有効である．

　たとえば，図6·7に示す「え」と「さ」は非常に似ているが，「え」は掌や指の爪が見えているのに対し，「さ」は掌や指の爪は見えていない．そこで，図6·8に示すように領域を分割してエッジを抽出した後，輪郭線を削除すると，「え」は上部領域に多くのエッジが抽出されるのに対し，「さ」は中央部に多くのエッジが抽出されるため，このエッジ特徴量を利用して機械学習を行うことができる．

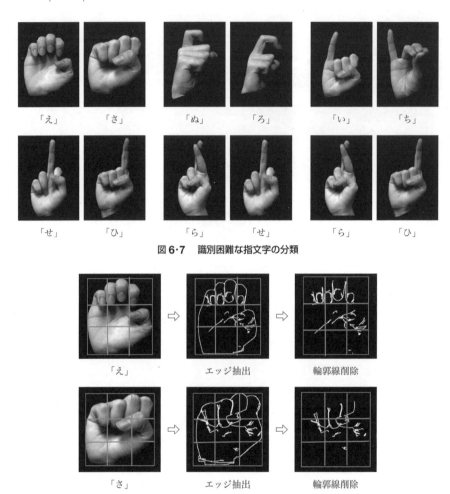

「え」　「さ」　　　「ぬ」　「ろ」　　　「い」　「ち」

「せ」　「ひ」　　　「ら」　「せ」　　　「ら」　「ひ」

図 6・7　識別困難な指文字の分類

「え」　　　　エッジ抽出　　　　輪郭線削除

「さ」　　　　エッジ抽出　　　　輪郭線削除

図 6・8　「え」と「さ」識別のためのエッジ特徴量

6・4・3　顔認識

　もう一つの画像認識例として，AdaBoost を用いた学習による顔認識の例を紹介する．犬や猫のような動物に比べて人間の顔は比較的一様な色で構成されており，しかも，鼻は頬より高く，目は周囲よりも低いというように，鼻や目など顔を構成する部分は輝度差を特徴として識別することができる．

　そこで，図 6・9 に示すようなパターンを当てはめ，白部分における輝度の総和と黒部分における輝度の総和の差を特徴として顔認識の学習を行うことができる．図

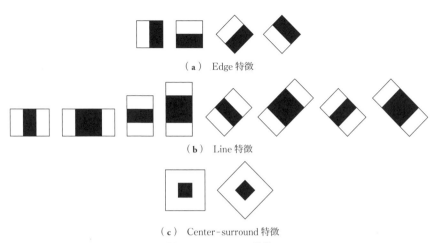

（ a ） Edge 特徴

（ b ） Line 特徴

（ c ） Center‐surround 特徴

図 6·9 Haar-like 特徴

6·9 に示すパターンを用いた特徴を **Haar‐like 特徴**（Haar‐like feature）という．

図 6·9 に示すように Haar‐like 特徴には 3 種類のパターンがあり，Edge 特徴は顔の輪郭などエッジ抽出に利用され，Line 特徴は鼻筋や唇など線の検出に利用される．また Center‐surround 特徴は目などの検出に利用される．さらに，これらの特徴は回転やサイズ調整が自由であるため，任意の大きさで任意の回転をともなったパターンが顔画像の任意の位置で当てはめられる．これらの特徴を用いて，数多くの弱識別器が作成され，作成された弱識別器に対して AdaBoost を用いて必要な弱識別器と弱識別器を線形結合するための重みが決定され，弱識別器を線形結合することで強識別器を構築することができる．

6·3 節の説明では，弱識別器を線形結合した強識別器の結果が正か負かにより判定していたが，弱識別器を**カスケード結合**（cascade connection）することで強識別器を構築することもできる．カスケード結合とはいわゆる**直列接続**（series connection）であり，強識別器を構成する弱識別器すべてが正でないと認識しない手法である．

これに対して，重みづけ線形結合は**並列接続**（parallel connection）であり，負と判定する弱識別器があっても全体の平均として正であれば認識する方法である．並列接続のほうが正解を検出しない割合である**未検出率**（undetected rate）は低くなるが，逆に不正解を検出する割合である**過検出率**（over detection rate）は高くなる．一方，直列接続のほうが過検出率は低くなるが，逆に未検出率は高くなる．

6·5 ｜ 3次元情報解析

6·5·1 3次元情報の取得

3次元空間の情報を解析するためには，3次元情報を取得する必要があり，3次元情報の取得は次のような手法が用いられる．

1. ディジタイザ

ディジタイザ（digitizer）と呼ばれる対象物体の表面形状を計測できる装置を用いる手法である．ロボットアームのような大型からペンタイプの小型までさまざまであり，レーザ光を用いた非接触型もある．

2. モーションキャプチャ

主には人間の動き（motion）を取得（capture）するのに用いられる手法である．モーションキャプチャ（motion capture）には次のようなさまざまな方法がある．

① **光学方式**　トラッカー（tracker）と呼ばれる反射マーカを人体の関節に取り付け，周囲にある複数台のカメラからトラッカーを撮像して，カメラ間の距離と各カメラがとらえたトラッカーの対応関係を計算することで各トラッカーの3次元位置を計算で求める方式である．人間の動作範囲を取り囲む空間が必要なため，装置は大型である．

② **ジャイロ方式**　人間の各関節にジャイロセンサを取り付け，ジャイロ（gyro）センサが計測する加速度から各関節の速度および位置情報を計算する方式である．本方式は初期位置からの相対距離しか求められないことと，ジャイロセンサの誤差が位置情報算出に蓄積されるため，時間経過にともなって3次元情報の位置ずれが生じる．ただし，人間の動作範囲は限定されず，光学方式のような大型装置も不要である．

③ **機械方式**　ポテンショメータ（potentiometer）と呼ばれる回転角や移動量を電圧に変換する装置を各関節に取り付けることで，各関節の3次元位置情報を算出する方式である．ジャイロ方式と同様に，初期位置からの変位しか求められない．

④ **磁気方式**　磁場発生装置（magnetic field generation device）を用いて動作

空間内に磁場を形成し，各関節に**磁気センサ**（magnetic sensor）を取り付けて，磁場の中で人間が動くことにより，各関節の3次元位置情報を取得する方式である．磁場内における絶対位置を取得することはできるが，動作範囲が限定され，また周囲に**電磁波**（electromagnetic wave）を発生する装置があると磁場が歪むため，正確な3次元情報は取得できない．

⑤ **ビデオ方式**　ビデオカメラを用いて人間の動きを撮影し，撮影された各画像における各関節の対応点を求めることによって，3次元的な動きを計測する方式である．ビデオカメラ1台で撮影することができ，動作範囲も限定されないが，画像上における各関節の対応点を求めることは困難である．そのため，各関節に色付マーカなどを取り付けることがある．また，各関節に色付マーカを取り付けたとしても高速動作では自動追跡は困難となる．さらに，ビデオ映像のみでは2次元情報しか得られないため，3次元情報を取得するためには複数台のビデオカメラを用いて，各ビデオカメラにおける各関節の対応を調べる必要がある．このため，3次元情報を取得するためには撮影後の多大な処理が必要である．

⑥ **画像と赤外線方式**　画像のみでは2次元情報しか得られないため，奥行き情報を取得するために**赤外線**（infrared ray）を利用する方式である．RGBカメラと赤外線カメラを用いて画像のみではなく，RGBカメラに写る物体までの距離を赤外線カメラでとらえる．これら2つのカメラ情報を統合することで対象物の3次元情報を得ることができる．装置も小型でRGBカメラと赤外線カメラとの対応は自動処理可能であるが，基本的には2次元画像に写る物体表面の3次元情報しか得られないため，対象物の3次元情報を得るためには，対象物かカメラのどちらかを回転し，回転で取得される情報を統合する必要がある．

3. レンジファインダ

レンジファインダ（range finder）とは，光を照射し，その反射波を受信するまでの時間を測定することで対象物までの距離を測定する装置である．**光波測距離**（lightwave distance）とも呼ばれる．光としては**可視光**（visible light）を用いることもあるが，**赤外線レーザ**（infrared laser）を用いることが多い．レーザを用いて対象物の表面形状を**走査**（scan）することから**レーザスキャナ**（laser scanner）とも呼ばれる．

4. 光切断法

　スリット光（slit light）を対象物に照射し，その反射を画像として撮像する．スリット光源の対象物に対する方向と反射光を撮影した画像上の各画素から対象物までの方向を基にして対象物までの距離を測定する．スリット光をずらしながら対象物を走査することで対象物の3次元形状を得ることができる．

5. 両眼視差

　対象物を異なる2台のカメラで撮影し，**三角測量**（triangulation）の原理を利用して対象物までの距離を測定することで，対象物の3次元形状を計測する．カメラを2台用いてもよいが，1台のカメラに2つのレンズを搭載した**ステレオカメラ**（stereo camera）が用いられる．

6. 運動視差

　対象物を撮影するカメラの位置を移動することで，1台のカメラでも対象物までの距離を測定し，対象物の3次元形状を得る方法である．カメラの移動にともなう対象物のずれを**運動視差**（motion parallax）という．カメラから対象物までの距離が遠いと運動視差は小さく，距離が近いと運動視差は大きくなる．

7. 体積画像

　CT（Computerized Tomography）やMRI（Magnetic Resonance Imaging）などの医療機器を用いると人体の**断層像**（tomogram）を複数枚撮像することができ，撮像された複数枚の断層像を断層間距離に応じて並べると体積をもつ画像が得られる．このような体積をもつ画像を**体積画像**（volumetric image）という．

　体積画像は3次元座標をもつため，体積画像に写る対象物の座標値を調べることで対象物の3次元形状を得ることができる．一方，通常のカメラを用いて対象物を2次元画像としてとらえるが，対象物の時系列における動きを統合することで体積画像を得ることもできる．つまり，奥行き方向ではなく時間方向をもつ体積画像である．このような時間軸方向をもつ体積画像を**時空間画像**（spatio-temporal image）という．

6·5·2　3次元情報の解析

　上述したように，3次元形状の取得にはさまざまな手法がある．これらの中で画

像を基にした 3 次元情報の解析手法について以下に列挙する.

1. 時空間画像解析

時空間画像とは前述したように，2 次元画像を時間軸方向に並べた体積画像であり，一例を図 **6·10** に示す.

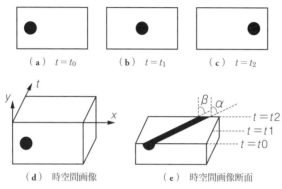

図 **6·10** 時空間画像

図 **6·10**（a）〜（c）は黒い球が左から右に進む様子を撮影した画像であり，これらの画像を時間軸方向に並べることで図 **6·10**（d）に示す時空間画像が得られる．図 **6·10**（e）は図 **6·10**（d）の時空間画像に対して y 軸の半分の高さで切断した断面画像である．図 **6·10**（e）よりわかるが，黒い球が左から右に進んだ軌跡が，図 **6·10**（e）の断面画像上に現れる．この軌跡の傾き α と β は時間軸に対する x 方向の移動量を示す．つまり，α や β を調べることにより，物体の移動速度を求めることができる．

図 **6·10**（e）は xt 平面に平行な断面で切断した図であるから，球の x 軸方向の速度を表すが，yt 平面に平行な面で切断すると y 軸方向の速度を求めることができる．さらに，$\alpha = \beta$ であれば球は xy 平面上の運動であるが，奥行方向の運動，つまり球がカメラから遠ざかったり，近づいたりすると球の大きさが変化する．当然のことながら，球がカメラから遠ざかると球の大きさは小さくなるから，図 **6·10**（e）に示す球の幅が小さくなり，$\alpha < \beta$ となる．逆に，球がカメラに近づくと球の幅が大きくなるから $\alpha > \beta$ となる．したがって，時空間画像を解析すれば，物体の 3 次元的な動きを解析することができる．

2. テクスチャ画像からの3次元形状推定

テクスチャをもつ画像から3次元形状を推定することもできる．図6・11は格子画像をさまざまな状態で観察した場合の画像を示す．

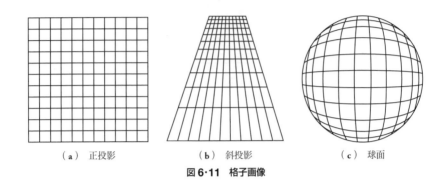

（a）正投影 （b）斜投影 （c）球面

図6・11　格子画像

図6・11（a）は，格子画像を正対する位置で観察したときの画像である．格子を構成する線分の間隔は一定であり，格子によって作られる四角形も正方形である．しかしながら，同じ格子画像を斜めから観察すると図6・11（b）のように画像は変形する．つまり，格子を構成する線分は平行ではなくなり，格子によって作られる四角形も手前ほど大きく，遠方ほど小さくなる．また，格子の線も手前ほど太く，遠いほど細くなる．これらの変化は格子のカメラに対する傾きに依存する．つまり，格子を正対する位置から角度を付けて観察すればするほど形状は変化し，四角形は正方形から変化して細長い四角形となる．この変化の度合いを格子画像のカメラに対する傾きに応じて記録しておき，3次元形状解析の対象となる画像に対して適用すれば，画像のカメラに対する傾きを推定することができる．ただし，一般的には格子画像のような明確な画像が対象物体の表面にあるとは限らないため，対象物体の表面上にある特徴量を検出し，検出された特徴量の変化を調べることになる．

図6・11（c）は，球面上に格子画像を張り付けたときに得られる画像である．同図よりわかるように，四角形の大きさは一定ではなく，中央の四角形ほど大きく，また正方形に近い形状を示している．一方，中央から離れた四角形ほど歪みが大きくなっている．したがって，この歪み度合いを調べることによって，対象物体の3次元形状を解析することができる．前述のとおり，一般的には格子画像を張り付けることができない場合も多く，その場合は対象物体から得られる規則的な模様を基に3次元形状を解析することになる．

6章 ｜ 練習問題

問題6·1　X ＝ A*B ＋ C/D を二分木表現しなさい．

問題6·2　5本のマッチ棒から1本か2本のマッチ棒を交互に取り，最後に残った
マッチ棒を取ったほうが負けというゲームを行う．必勝するには先攻がよいか，
それとも後攻がよいか？また，最初に取るマッチ棒の数はいくつか？

問題6·3　パターン認識で有名な OCR はどのような場面で実用化されているか？

問題6·4　パターン認識としての生体認証にはどのようなものがあるか？

問題6·5　文字ではなく画像を用いて画像の検索を行うことを**類似画像検索**（sim-
ilar image retrieval）という．類似画像検索ではどのような画像特徴を利用して
画像を検索しているのか？

07

人工知能

　本章では人工知能の基礎知識ついて学習する．人工知能はさまざまな分野で応用されている．とくに，ディープラーニングは，特徴量を自動で抽出できることから，近年注目されている技術の一つである．本章では，既存のニューラルネットワークとディープラーニングの違いについて学ぶ．また，ディープラーニングによる演習を通して特徴量について理解する．最後に，人工知能の未来について議論する．

7・1 　人工知能の概要

7・1・1　人工知能の歴史

　人工知能（Artificial Intelligence）という用語は，1956年に人工知能という学術研究分野を確立したダートマスの夏季研究会の開催通知に書かれていた用語で，A. NewellとA. Simonは，その研究会において世界で初めての人工知能プログラム，Logic Theoristの発表を行った．人工知能の概念は，1947年にA. Turingがロンドン数学会で講演しているといわれている．

　人工知能は，**AI**ともいい，一般に人間の知能と結びつけて考えられる推論，学習などの機能を遂行するモデルやシステム，またはその学術分野を指している．人工知能における**知識**（Knowledge）とは，系統的に使用できるように整理された事実，事象，信念，および規則の集合である．**知識ベース**（Knowledge Base）は，**KB**ともいわれ，ある領域における人間の経験や専門的知識に関する推論規則と情報から構成されるデータベースである．**推論**（Reasoning）とは，人間または計算機が仮説を設定したり，分析，分類，診断，問題解決などを行うときに実行するプロセスである．また，人工知能においては事実や規則を前提として，既知の前提から結論を導くことも**推論**（Inference）という用語を用いている．

　エキスパートシステム（Expert System）は，**ES** ともいい，人間の専門的知識で構築された知識ベースからの推論によって，特定の領域または応用問題を解決するように設計されている**知識データベースシステム**である．**知識工学**（Knowledge Engineering）とは，当該領域の専門家（エキスパート）やその他の知識源から知識を獲得して知識ベースに組み込むことに関する学問分野を指している．**パターン認識**（Pattern Recognition）は，人工知能の応用分野の1つであり，文字や画像，または時間的なパターンである音声などのパターンに対して，構造や形状を識別することを指す．**画像認識**（Image Recognition）は，パターン認識の1種で，画像データから対象物やその構成要素，構成要素の特性，空間的な位置関係を知覚し，分析する技術をいう．

　1997 年に IBM 社の Deep Blue というチェス専用のスーパーコンピュータは，チェスの世界チャンピオンであったガルリ・カスパロフに初めて勝利したことで注目された．Deep Blue は，対戦相手の過去の棋譜をもとに，指し手の有効度を図る評価関数を工夫して，最も有利な手筋を探索することによって，人間の思考を予測する計算を行った．IBM 社は，このようなコンピュータの応用によって，高速な計算能力を活用した，より知能的な問題処理や莫大な量のデータマイニングなどのコンピュータの利用技術の発展を行った．

　2017 年に DeepMind 社が開発した AlphaGo という AI 囲碁プログラムは，世界のトップ棋士である柯潔（か けつ）に 3 局とも全勝し，それまで困難とされていた囲碁で人間に勝ち，AI の有用性が広く認められることになった．囲碁は，戦略的思考が必要なきわめて複雑なゲームである．AlphaGo は，ニューラルネットワークを応用し，プログラム自体がそのプログラムと数限りなく何回も対局して，最も有利な評価経験則に改良していく機械学習の機能が備えられている．

　ニューラルネットワーク（神経細胞網：Neural Network）とは，略して **NN** ともいい，脳機能に見られる特性に類似した数理的モデルであり，原始的な処理要素を調整可能な重み付きリンクで結合されたネットワークある．その各要素は，複数のリンクからの入力値に非線形関数を適用して値を生成し，それを他の要素に送信し，出力として提供する仕組みになっている．**機械学習**（Machine Learning）とは，ソフトウェアが新しい知識や技能を獲得し，また既存の知識や技能を再構成して，ソフトウェア自体の性能を向上させるプロセスをいい，単に **ML** や**自動学習**（Automatic Learning）とも呼ばれる．

7·1·2　人工知能の発展

　現在，人工知能といわれるものは，大量のデータから規則性やルールなどを学習
し，与えられた課題に対して推論や回答，情報の合成などを行う機械学習を基礎と
するものが多い．とくに，人間の神経回路を模したニューラルネットワークで深い
階層のモデルを構築し，精度の高い推論を行うディープラーニング（深層学習）の
研究に大きな進展があり，これに基づく研究や開発がさかんになっている．

　ディープラーニング（**深層学習**：Deep Learning）とは，多層（たとえば4層以
上）のニューラルネットワークを用い，入力層と出力層の間にある中間層を多層化
することによって，情報の伝達と処理を増やし，特徴量の学習精度や汎用性を高
め，局所最適解に陥ることなく，学習を進める機械学習の手法である．

　人工知能の活用は，IT関連の企業だけでなく，製造業，金融業，医療分野，行
政分野など，さまざまな分野でこれまで困難とされてきた問題の解決に応用される
ようになってきた．それは，近年の人工知能が，人間には扱いきれない膨大な情
報を処理できる方法に進化してきているためと考えられる．そのような大量なデー
タを**ビッグデータ**（Big Data）といい，一般的なデータ管理やデータ処理のソフト
ウェアでは，扱うことが困難なほど巨大で複雑なデータの集合を意味している．コ
ンピュータの性能向上と人工知能の発展によって，ビッグデータを活用することで
きるようになってきた．ビッグデータは，データの大きさという量的な面だけでな
く，データの構成の多様性という質的な面と，データの利用目的の多様性という応
用面で，従来の問題解決のデータとは違いがあると考えられている．

　ウェブサービス分野では，オンラインショッピングサイトやブログサイトにおい
て蓄積される購入履歴やエントリー履歴，ウェブ上の配信サイトで提供される音楽
や動画等のマルチメディアデータ，ソーシャルメディアにおいて参加者が書き込む
プロフィールやコメント等のソーシャルメディアデータがある．今後活用が期待さ
れる分野の例では，GPS，ICカードやRFIDにおいて検知される位置，乗車履歴，
温度等のセンサデータ，CRM（Customer Relationship Management）システムに
おいて管理されるダイレクトメールのデータや会員カードデータ等カスタマーデー
タといったさまざまな分野のデータがある．さらに個々のデータだけでなく，各
データを連携させることで新しい付加価値の創出が期待されている．

　データマイニング（Data mining）とは，数理統計学，パターン認識，人工知能
などのデータ解析手法をビッグデータに適用して，問題解決のための傾向やパター
ンなどの隠れた規則性や関係性，仮説などの知識を発掘する手法である．データマ

イニングは，知識発見プロセスであり，データの獲得，選択，前処理，変換，知識
発見アルゴリズムの適用，解釈，評価という一連のサイクルを指している．デー
タマイニングは，獲得した知識に基づく意思決定が目的であり，ビッグデータの収
集，獲得した知識の発掘と評価に，人間とコンピュータが共同作業する知識マネジ
メントととらえることができる．

7·2 ニューラルネットワーク

7·2·1 ニューラルネットワークの構造

まず，ニューラルネットワークの構造を図7·1に示す．ここで，w^1_{ij} $(i=1,$
$2, \cdots, I; j=1, 2, \cdots, J)$ を入力層と中間層の結合係数，また w^1_{jk} $(j=1, 2, \cdots, J;$
$k=1, 2, \cdots, K)$ は中間層と出力層の結合係数とする．さらに，x_i $(i=1, 2, \cdots, I)$
は正規化された入力データを表す．

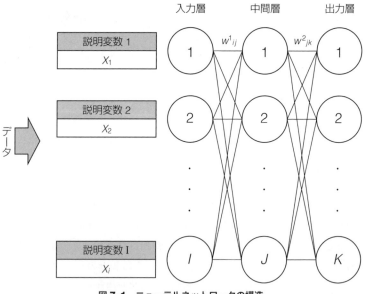

図7·1 ニューラルネットワークの構造

基本的に，ニューラルネットワークは入力層（Input Layer），中間層（Middle
Layer），および出力層（Output Layer）の3層構造をもつ．たとえば，「入力 →

内部モデル → 出力」から構成される，あるシステムを考えた場合，入力へ与えられるデータは**説明変数**と呼ばれる．また，出力は**目的変数**に該当する．なんらかの複数個の説明変数が与えられ，内部である処理が行われ，その結果として規則にしたがった出力が得られるとする．このような内部での処理を解明するために，さまざまな科学的な手法が提案されてきた．

たとえば，統計学では，多変量解析という手法がある．多変量解析では，入力データに該当する説明変数を何らかのパラメータとして物理的に意味付けをし，その結果から生じる目的変数がシステムの内部構造として定義されたモデルから得られると解釈し，線形モデルまたは非線形モデルとして構築している．多変量解析の代表的なものとして，回帰分析などがあり，内部では線形関数を扱っている．

一方で，ニューラルネットワークも同じようなアプローチではあるが，内部で非線形関数を扱う場合が多い点で異なっているといえる．多変量解析の場合には，図7·1 に示すような中間層がなく，入力層である説明変数から，直接的に目的変数である出力層へと結果が伝えられるような構造となっている．ニューラルネットワークの場合には，入力層と出力層の間に中間層が存在している．一般的には，ニューラルネットワークは機械学習の分野に位置付けられ，多変量解析は統計学の分野に位置付けられることが多い．

7·2·2　ニューラルネットワークの構成

一般的なニューラルネットワークの仕組みについて以下に示す．ここで，入力層，中間層，出力層におけるユニットの数を，各々 I 個，J 個，および K 個とする．また，各々の層のユニットを示すインデックスを i，j，および k とする．ここで，各々の層のユニットの出力を h_j，y_k とすると，

$$h_j = f\left(\sum_{i=1}^{I} w_{ij}^1 x_i\right)$$

$$y_k = f\left(\sum_{j=1}^{J} w_{jk}^2 h_j\right)$$

となる．ただし，$f(\cdot)$ はシグモイド型関数であり，

$$f(x) = \frac{1}{1+e^{-\theta x}}$$

として表される．ここで，θ はゲインと呼ばれる定数である．ネットワークの学習を行うために，誤差逆伝播法を用いる．ニューラルネットワークの出力層における

値を y_k $(k = 1, 2, \cdots, K)$ とし，教師パターンを d_k $(k = 1, 2, \cdots, K)$ とすると，y_k の評価は次式で与えられる．

$$E = \frac{1}{2} \sum_{k=1}^{K} (y_k - d_k)^2$$

ここで，教師パターン d_k $(k = 1, 2, \cdots, K)$ には，目的変数の正解となる値を採用する．すなわち，各説明変数におけるデータに基づいて，各説明変数の重み係数とそれに影響を及ぼす要因の結合状態の特徴をニューラルネットワークの結合係数に蓄積させ，ある時点における各説明変数に対する値の推定・予測が可能なモデルを考える．E の式の条件のもとに，各結合係数が最急降下法にて以下のように決定される．

$$w_{jk}^2(\sigma+1) = w_{jk}^2(\sigma) + \varepsilon (y_k - d_k) \cdot f'\left(\sum_{j=1}^{J} w_{jk}^2(\sigma) h_j\right) h_j$$

$$w_{ij}^1(\sigma+1)$$

$$= w_{ij}^1(\sigma) + \varepsilon \sum_{k=1}^{K} (y_k - d_k) \cdot f'\left(\sum_{j=1}^{J} w_{jk}^2(\sigma) h_j\right) \cdot w_{ij}^1(\sigma) f'\left(\sum_{i=1}^{I} w_{ij}^1(\sigma) x_i\right) x_i$$

ここで，σ は更新のサイクル，ε は学習の係数を表す．$w_{jk}^2(\sigma+1)$ および w_{ij}^1 $(\sigma+1)$ の更新により求められた w_{ij} および w_{jk} から，$w_{jk}^2(\sigma+1)$ および w_{ij}^1 $(\sigma+1)$ により，ニューラルネットワークの出力層における値 y_k $(k = 1, 2, \cdots, K)$ を算出することができる[1]．

7·3 | ディープラーニング

　ディープラーニングは，現在，さまざまな分野において適用され，実際の社会においても応用されている．たとえば，米ガートナー社でシニア・リサーチ委員会の委員長を務めるデイヴィッド・ウィリス バイスプレジデント兼最上級アナリストによる発言によると，「AI により 180 万人の仕事を奪うが，230 万人の雇用を創出する．いわゆる "事務仕事" は消滅していく」といわれている．さらに，2018 年世界経済フォーラム年次総会（ダボス会議）においては，「今後，AI に関する知識に加え，データサイエンスやデータ品質管理といった分野のノウハウが必要とされる」といわれている．

　このように，とくにディープラーニングを中心とした AI は，株取引システム

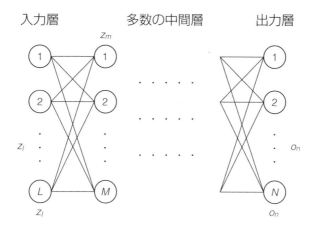

図7·2　ディープラーニングのネットワーク構造

（株価予測），不動産取引システム（物件の価格推定），画像解析（レントゲン画像からの肺がん診断），Web解析（Webサイトの改善案を自動提案）などのさまざまな分野において多用されつつある．ディープラーニングのネットワーク構造を図7·2に示す．同図に示すように，ディープラーニングの特徴としては，そのネットワーク構造は中間層において多数の層を形成していることである．また，中間層のもつユニット数に関しても各中間層ごとにさまざまである点があげられる．このように多数の中間層と各中間層に対するユニット数が異なるため，従来のニューラルネットワークのように，入力から出力までの関係性を明確にすることができないことも特徴の一つである．

7·4 ┃ 特徴量とハイパーパラメータ

　ニューラルネットワークとディープラーニングの決定的な違いは，特徴量をデータから自動で抽出できるか否かである．まず特徴量について取り上げる．図7·3は特徴量を理解するための猫の画像である．この画像を見て，象や豚や馬に見えることはないと思う．人間は，この画像に含まれている特徴量を脳の中で発見し，そのデータに基づき「この画像は猫である」と判断している．つまり，この図7·3に示す画像の場合，特徴量とは，

図7·3　猫の特徴量

　①　耳の形状
　②　ヒゲの有無
　③　八重歯の有無
　④　アゴの形状

などのデータを意味する.

　こうした特徴量をデータから自動で抽出できるようになったことで, ディープラーニングに基づく応用範囲が格段に広がっている. 従来のニューラルネットワークでは, こうした特徴量を含むデータをあらかじめ人間が準備し, 入力用のデータとして与える必要があった.

　たとえば, 「猫である」「猫ではない」という二択の問題があるとする. これを画像を読み込ませることで, その画像が「猫である」か「猫ではない」かを認識するような問題である. こうした問題の場合, 従来のニューラルネットワークでは, 猫の特徴量に関するデータ, たとえば,

　①　耳の形状に関するデータ
　②　ヒゲの長さに関するデータ
　③　八重歯の場所に関するデータ
　④　アゴの形状と場所に関するデータ

をあらかじめ入力データに与える必要があった. 一方で, ディープラーニングの場合には, このようなデータを準備する必要はなく, 猫画像の写真データのみ入力層へ与えるだけでよい. すなわち, 猫画像のデータから, その特徴量を自動で抽出す

ることが可能となっている.

　ただし,ディープラーニングも万能ではない.ディープラーニングの欠点として,以下のようなことがあげられる.

① **パラメータのチューニングの問題**　さまざまなパラメータがあり,経験則や熟練者による調整が必要である.

② **中身がわからない**(ブラックボックス)　どの入力データが学習データに影響を及ぼしているのかを判別することが不可能である.

　ディープラーニングには,さまざまなパラメータがあり,それをハイパーパラメータという.ハイパーパラメータの例として,中間層の層数や,各中間層に含まれるユニット数,学習率,ドロップアウト率などがあげられる.このようなハイパーパラメータは,ディープラーニングを適用する分野ごとに異なっており,このハイパーパラメータを調整する際に経験則に頼らざるを得ない.

　現在,こうしたハイパーパラメータを最適化および自動決定するための研究も行われているが,決定的な手法は存在していない.さらに,ニューラルネットワークと比較し,ディープラーニングは中身がブラックボックスであるため,特徴量を自動で抽出できるまではよいが,学習データに影響を及ぼしている入力データを特定することが困難な点がある.

7·5 | アルゴリズム

7·5·1　アルゴリズムの種類

　従来のニューラルネットワークと同様に,ディープラーニングにもさまざまな種類のアルゴリズムが存在する.一般的には,中間層の層数とユニット数を増やしたものがディープラーニングとして理解されている.たとえば,以下のようなアルゴリズムがある.

① **ディープフィードフォワードニューラルネットワーク**(Deep FeedForward Neural Network)　最も単純な構造であり,**誤差逆伝播法**(バックプロパゲーション)によりウェイトパラメータを決定することができる.

② **ディープコンボリューショナルニューラルネットワーク**（Deep Convolutional Neural Network） 主に画像や動画認識分野において適用されている手法の一つであり，**畳み込みニューラルネットワーク**において，多数の畳み込み層（Convolution Layer）とプーリング層（Pooling Layer）を有するネットワーク構造をもつ.

③ **ディープリカレントニューラルネットワーク**（Deep Recurrent Neural Network） 手書き文字認識や音声認識，時系列分析の分野において広く利用されている手法の一つである. この手法の特徴は，ある時点の入力がそれ以降の出力に影響を及ぼすという仮定の下でアルゴリズムが定義されている点にある.

7·5·2 深層学習におけるツール

さらに，上述したアルゴリズムを簡単に実現するためのツールとして，さまざまなディープラーニングフレームワークが存在している.

① **Tensorflow** Google 社が開発管理しているフレームワークであり，多くのユーザにより広く使われている特徴がある.

② **H2O** 大規模データベースを扱う Hadoop 上や Spark 上でも動作可能な機械学習フレームワークであり，オープンソースソフトウェアとして Apache ライセンスとして配布されている.

③ **Chainer** プリファード・ネットワークス社が開発しているフレームワークである. モデルの構築の容易さと学習コードが実装しやすい点が特徴である.

④ **MXNet** Tensorflow や Chainer と同等の柔軟性を備えたフレームワークであり，さまざまなクライアント言語に対応している点が特徴である.

とくに，MXNet は統計言語 R にも対応しており，ビッグデータを扱う際に，統計処理やデータの前処理を行いつつ，ディープラーニングによる分析を同時に行うという観点から考えた場合，統計言語 R のクライアントから MXNet を呼び出すという使い方をすれば便利である. 最近では，Tensorflow も R に対応しており，事実上，利便性を考えた場合は，どのフレームワークもほとんど違いがなくなってきているのも現状である.

7·6 応用事例

7·6·1 解析結果と比較

ニューラルネットワークとディープラーニングによる解析結果の比較に関する一例を図7·4に示す.

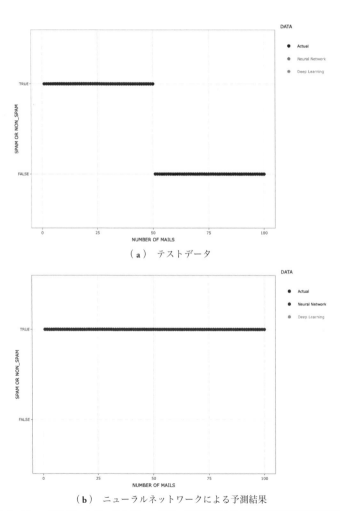

（**a**） テストデータ

（**b**） ニューラルネットワークによる予測結果

図7·4 ニューラルネットワークとディープラーニングによる解析結果に関する比較の一例

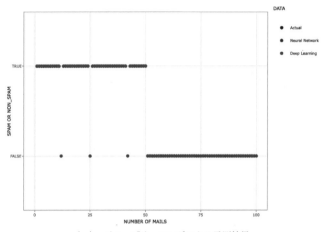

（c） ディープラーニングによる予測結果

図7・4 ニューラルネットワークとディープラーニングによる解析結果に関する比較の一例

図7・4 は，電子メールがスパムメールか否かを判別するため，実際のメールに関するデータをニューラルネットワークとディープラーニングにより学習し，予測した結果である．ニューラルネットワークおよびディープラーニングともに，利用している入力データはまったく同一である．上から順番に，「テストデータ」，「ニューラルネットワークによる予測結果」，「ディープラーニングによる予測結果」を表している．

これらの結果から，ニューラルネットワークによる予測結果では，すべて「TRUE」として認識されているのに対し，ディープラーニングによる予測結果はほとんど予測できていることがわかる．これは，スパムメールか否かを判別する際に，入力データから特徴量を抽出できているからである．

7·6·2 解析と実践

応用のための実践例として，以下に，統計言語 R によるスパムメール判別プログラムを示す．本プログラムでは，4 つのパッケージを利用しているため，実行前に以下のコマンドにより，R コンソール上からあらかじめ実行しておく必要がある．

```
install.packages(c("ggplot2", "plotly", "nnet", "h2o"), dep=T)
```

本プログラムにより，図7・4 に示すような図を出力することができる．また，nnet というニューラルネットワークによる学習を可能としている．

```
library(ggplot2)
library(plotly)
library(nnet)
library(h2o)


file <- file("train.csv", open="r", encoding="shift-jis")
data <- read.table(file, header=T, sep=",", fill = TRUE)


pfile <- file("test.csv", open="r", encoding="shift-jis")
pdata <- read.table(pfile, header=T, sep=",", fill = TRUE)


#learning phase
data$y <- as.factor(data$y)
nn <- nnet(y~., data, size=10)


#predicting phase
output <- predict(nn, pdata, type="class")


localH2O = h2o.init(ip = "localhost", port = 54321, startH2O = TRUE)
h2o <- h2o.deeplearning(x=3:59, y=2, training_frame=as.h2o(data),
hidden = c(5,5,5), epochs=10)
dl_predict <- h2o.predict(h2o, as.h2o(pdata))
dl_predict


d1 <- data.frame(x=pdata$x, y=pdata$y, DATA='Actual')
d2 <- data.frame(x=pdata$x, y=output, DATA='Neural Network')
d3 <- data.frame(x=pdata$x, y=as.data.frame(dl_predict)[,1],
DATA='Deep Learning')
d <- rbind(d1, d2, d3)


#display
g <- ggplot(data=d, aes(x, y, geom="line", colour=DATA)) +
xlim(0,length(pdata$x)) + geom_point() + xlab('NUMBER OF MAILS') +
ylab('SPAM OR NON_SPAM') + scale_colour_manual(values=c("#000000","#00
```

```
00aa","#aa0000")) + theme_bw(base_size=8)
g
g <- ggplotly(g)
htmlwidgets::saveWidget(g, "figure.html", selfcontained = FALSE)

dev.off()
```

　上述したプログラムでは，train.csv と test.csv という 2 種類のデータを扱っているが，図 7·5 に示すようなデータを読み込んでいる．先頭の x 列にはメールの件数を，y 列にはスパムメールの場合には T を，そうでない場合は F が記載されている．他の 1 以降のヘッダーには，各メールに対する特定ワードの出現頻度のようなデータが登録されている．これらは，統計言語 R の kernlab というパッケージに格納されている spam というメール判別のためのデータセットである．

```
install.packages( "kernlab" )
```

により，パッケージをインストールし，統計言語 R 上で，

```
library(kernlab)
data(spam)
write.csv(spam, "spam.csv", row.names=FALSE, quote=FALSE)
```

x	y	1	2	3	4	5	6	7
1	T	0	0.64	0.64	0	0.32	0	0
2	T	0.21	0.28	0.5	0	0.14	0.28	0.21
3	T	0.06	0	0.71	0	1.23	0.19	0.19
4	T	0	0	0	0	0.63	0	0.31
5	T	0	0	0	0	0.63	0	0.31
6	T	0	0	0	0	1.85	0	0
7	T	0	0	0	0	1.92	0	0
8	T	0	0	0	0	1.88	0	0
9	T	0.15	0	0.46	0	0.61	0	0.3
10	T	0.06	0.12	0.77	0	0.19	0.32	0.38
11	T	0	0	0	0	0	0	0.96
12	T	0	0	0.25	0	0.38	0.25	0.25
13	T	0	0.69	0.34	0	0.34	0	0
14	T	0	0	0	0	0.9	0	0.9
15	T	0	0	1.42	0	0.71	0.35	0
16	T	0	0.42	0.42	0	1.27	0	0.42

図 7·5　train.csv と test.csv におけるデータ形式

のように入力すれば，spam.csv のファイル名でデータを保存できる．このデータを train.csv と test.csv に分割している．

7·7 │ Windows 上での Python 環境構築

AI による解析を行う場合，さまざまなパッケージが存在しているが，Windows上で簡単に Python による AI の利用環境を構築したい場合は，データ分析や AIを実装するために必要なライブラリを一括して導入できるディストリビューションとして知られている Anaconda を利用するのが便利である．以下に，その導入手順を示す（2020 年 2 月現在）．

まず，以下の URL にアクセスすると，Download のページが表示される．ここで，最初に右上にある「Download」と書かれたボタンをクリックする．

```
https://www.anaconda.com/distribution/
```

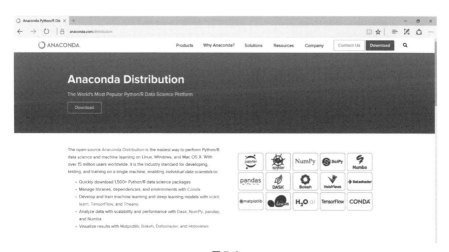

図 7·6

次のような画面に遷移する．このとき，インストールする Python のバージョンを選択することができるが，他のパッケージの依存関係から古いバージョンを利用

しなければならないような特別な事情を除き，左側の Python 3.x 系統を選択すればよい．

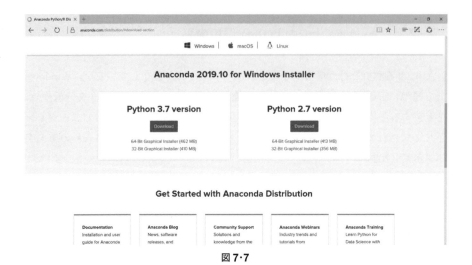

図 7·7

　ダウンロードしたインストーラの exe ファイルを起動してインストールを開始すると，以下の画面が表示されるので，「Next>」ボタンを押してインストールを進める．

図 7·8

ここで，以下のようなソフトウェアライセンス条項の画面が表示される．Anaconda End User License 条項を確認したら，「I Agree」ボタンを押して次の画面へ進む．

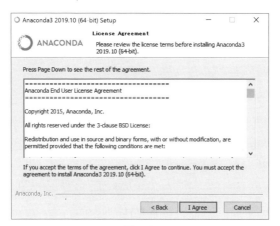

図 **7·9**

ユーザとしてインストールするか，またはすべてのユーザが利用可能なようにコンピュータ全体にインストールするかどうか選択するため，以下のような画面が表示される．（recommended）と表示されているように，ユーザとしてインストールする Just Me がデフォルトで選択されているため，特別な理由がなければ，Just me を選択した状態で「Next>」ボタンを押して進める．

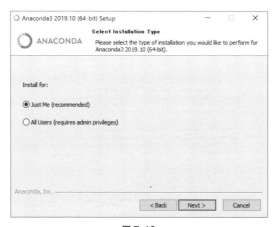

図 **7·10**

インストールする場所を選択するため，以下のような画面が表示されるが，基本的にはそのまま変更せず，「Next>」を押して進めればよい．

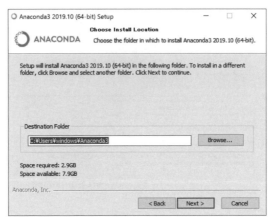

図7·11

さらに，「Add Anaconda to my PATH environment variable」または「Register Anaconda as my default Python 3.7」のどちらかを選択する画面が表示される．「Add Anaconda to my PATH environment variable」は，記載のとおり非推奨 (Not recommended) となっているため，これからインストールしようとしている Python 3.7をデフォルトとして利用することから「Register Anaconda as my default Python 3.7」にのみチェックが入った状態で「Install」を押して進めればよい．

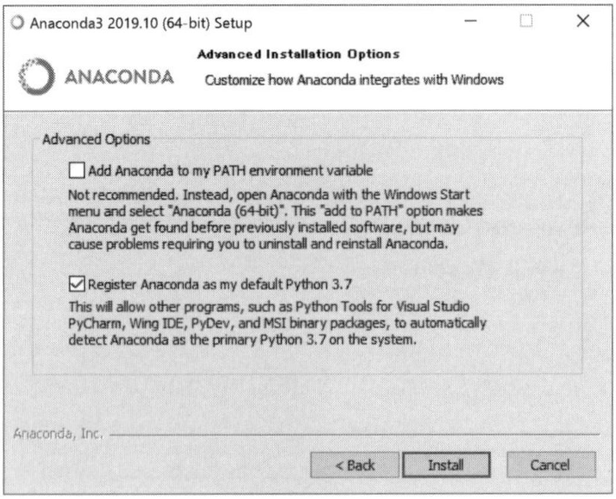

図7·12

　以下のような画面とともにインストール作業が進められ，しばらくするとインストールが完了する.

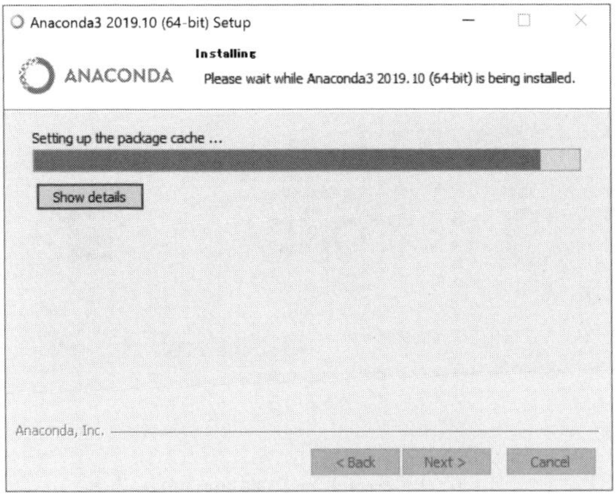

図7・13

　インストール作業が終わると，次のような画面が表示されるので，「Next>」を押して進める.

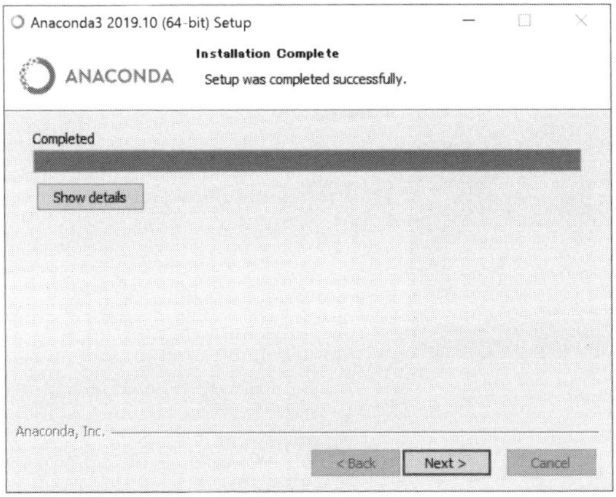

図7・14

　引き続き，JetBrainsをインストールするかどうかを問う画面が表示されるが，追加でJetBrainsをインストールしたければ，リンク先からダウンロードすればよいが，とくに必要ないため，ここでは「Next>」を選択する.

図 7·15

　以上，すべてが完了すれば，以下のような画面が表示され，インストールが完了する．

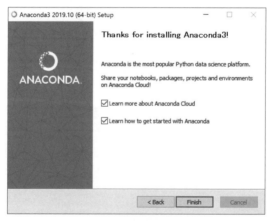

図 7·16

　このとき「Finish」ボタンを押せば，Anaconda に関連する項目がスタートメニューに追加される．この中にある「Anaconda Navigator」を起動すると次のような画面が表示される．これは，Anaconda を管理するためのアプリケーションであり，この画面から Python 関係のライブラリを管理することが可能となる．

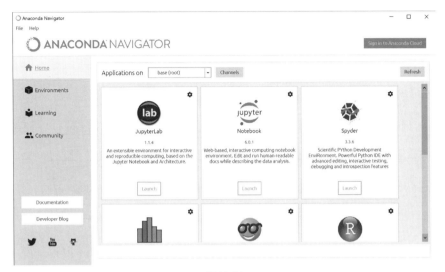

図 7·17

7·8 人工知能の現状と未来

7·8·1 人工知能の技術展開

人工知能の技術は，1950 年代から始まり，図 **7·18** のように 3 つのブームを経ている．

図 **7·18** の**第 1 次 AI ブーム**は，1950 年代後半から 1960 年代である．コンピュータによる**推論**や**探索**が可能となり，特定の問題に対して解を提示できるようになったことがブームの要因である．冷戦下のアメリカでは，自然言語処理による**機械翻訳**の開発が試みられた．しかし，当時の人工知能では，迷路の解き方や定理の証明のような単純な仮説の問題を扱うことはできても，さまざまな要因が絡み合っているような現実社会の課題を解くことはできないことがあきらかになり，人工知能に対する若干の失望とともに AI は冬の時代を迎えた．

第 2 次 AI ブームは，1980 年代である．コンピュータが推論するために必要なさまざまな情報を知識として，コンピュータが認識できる形で記述することで，人工知能は実用可能な水準に達し，多数の**エキスパートシステム**が生み出された．エキスパートシステムは，専門分野の知識を取り込んだ推論によって，その分野の専門

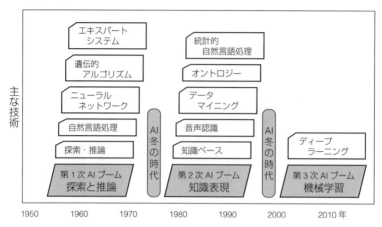

図7·18 人工知能のブームと主な技術

家のように課題を解決するプログラムである.

　しかし，当時はコンピュータが必要な情報を自ら収集して蓄積することはできなかったため，必要となるすべての情報を，人がコンピュータに理解可能なように記述する必要があった．世の中の膨大な情報のすべてを，コンピュータが理解できるように記述することは困難なため，実際に活用可能な知識量は特定の領域の情報などに限定する必要があった．このような限界のため，1995年頃から再び冬の時代に入った．

　第3次AIブームは，2000年代から現在まで続いている．まず，**ビッグデータ**と呼ばれている大量のデータを用いることで，人工知能自身が知識を獲得する**機械学習**が実用化された．次に，知識を定義する要素である特徴量を人工知能が自ら習得する**ディープラーニング**が登場したことが，ブームの原動力である．

　過去2回のブームで，人工知能が実現できる技術的な限界より，社会の人工知能に対する期待のほうが大きく，その落差が大きかったためにAIブームが中断したと考えられる．そのため，第3次AIブームでも，人工知能の実用化の可能性と，確実に一般に普及できる成功事例には，いくらかの隔たりがありうることを認識しておくことが必要である．

　たとえば，ディープラーニングによる技術革新はすでに起きているものの，実際の商品やサービスとして社会に浸透するためには，実用化のための開発や社会環境の整備が必要になる．実用化のための地道な努力が積み重ねられるにつれて，人工知能が社会にもたらすインパクトも大きくなり，それと並行して，人工知能の潜在

的な可能性と実現性の隔たりも解消されていくと考えられる.

7・8・2　人工知能による機能領域

　人工知能が実際のサービスで果たすことが可能な機能には，表7・1のように識別，予測，実行という3種類があると考えられている.

表7・1　人工知能が果たしうる機能領域

識別	予測	実行
音 声 認 識	数 値 予 測	表 現 生 成
画 像 認 識	マッチング	デ ザ イ ン
動 画 認 識	意 図 予 測	行 動 最 適 化
言 語 解 析	ニ ー ズ 予 測	作業の自動化

　人工知能による車両の自動運転を例とすれば，車両の運転情報，位置情報，地図情報などに，車両に搭載したカメラやマイクからの情報を AI による画像認識・音声認識で得られた情報を加えることで，車両が置かれた状況を認識できることになる.さらに，その状況認識に基づいて，衝突や事故の可能性を分析し，今後，起こりうる危険性を予測し，安全を保つために最適な運転や，目的地に到達するための経済的な経路を探索して，運行計画をリアルタイムに更新して，実現することである.このように人工知能の利用は，目的とする具体的な課題に応じて，人工知能によるさまざまな機能を組み合わせることで実用化される.

　ディープラーニングを中心とした人工知能は，今後，識別・予測の精度が向上することによって適用分野が広がり，さらに，複数の技術を結合することによって，実用化が求められる機能を発展させていくと考えられる.

　現在では，画像認識における精度の向上が実現しつつあり，同じ視覚情報である動画へと対象が拡大し，音声など視覚以外の情報を組み合わせた**マルチモーダル認識**へと発展することが期待されている.マルチモーダルな認識が実現すると，環境や状況を総合的に観測することが可能になるので，防犯・監視といった分野への実用化に応用される.

　人工知能によって，コンピュータが自分の取った行動とその結果を分析することができれば，複雑で高度な行動計画を立案することが可能になる.自動的な計画立案が可能になると，状況変化に最適な対応ができる車両の自動運転や物流の自動化という分野での実用化が想定される.

　行動の分析が人工知能によって高度化すれば，試行錯誤のような反復的な行動

データが解析され，環境認識の対象や認識精度が向上して，現実社会のより複雑な状況に対処できるようになる．たとえば，人工知能を用いて感情を認識できるようになれば，ロボット技術の進化と合わせて，対人サービスである家事や介護などの分野への人工知能の導入が考えられる．

人工知能で認識できる範囲が人の活動領域に広く行き渡ると，人工知能は言語が対象にするさまざまな概念を扱うことができるようになる．言語分析が高精度なものになると，概念と言語を紐づけることが可能になる．その結果，自然な言い回しでの自動翻訳が実現することが期待される．最終的には，言語を通じた知識の獲得が可能になり，人工知能が秘書などの業務を担うこともありえるとされる．

7·8·3　人工知能の活用

人工知能の利活用が望ましい分野に関する有識者のアンケート結果は，図7·19のようである[1]．

図7·19から，人工知能の利活用が望まれる分野は，次のような社会的課題の解決が期待される分野であった．

① 健康状態や病気の予兆の診断
② 公共交通の自動運転
④ 救急搬送ルートの最適な選定
⑤ 交通混雑・渋滞の緩和策の実施

これらに対して，人工知能の活用にやや消極的な分野は，以下のようなリスクやプライバシーへの危険が予想される分野である．

① 金融資産の自動的な運用
② 借り手の財務状況を考慮した融資額の算定
③ 顧客情報に基づくサービスの提供

図7·19のアンケートは，現代の日本社会を想定したものと考えられるので，今後の社会環境の変化や人々の意識の変化によって，人工知能を利用したサービスやシステムに対する期待感は変わってくる可能性があると考えられる．

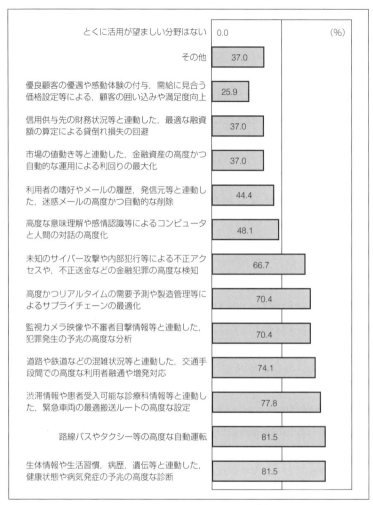

とくに活用が望ましい分野はない 0.0 (%)

その他 37.0

優良顧客の優遇や感動体験の付与，需給に見合う
価格設定等による，顧客の囲い込みや満足度向上 25.9

信用供与先の財務状況等と連動した，最適な融資
額の算定による貸倒れ損失の回避 37.0

市場の値動き等と連動した，金融資産の高度かつ
自動的な運用による利回りの最大化 37.0

利用者の嗜好やメールの履歴，発信元等と連動し
た，迷惑メールの高度かつ自動的な削除 44.4

高度な意味理解や感情認識等によるコンピュータ
と人間の対話の高度化 48.1

未知のサイバー攻撃や内部犯行等による不正アク
セスや，不正送金などの金融犯罪の高度な検知 66.7

高度かつリアルタイムの需要予測や製造管理等に
よるサプライチェーンの最適化 70.4

監視カメラ映像や不審者目撃情報等と連動した，
犯罪発生の予兆の高度な分析 70.4

道路や鉄道などの混雑状況等と連動した，交通手
段間での高度な利用者融通や増発対応 74.1

渋滞情報や患者受入可能な診療科情報等と連動し
た，緊急車両の最適搬送ルートの高度な設定 77.8

路線バスやタクシー等の高度な自動運転 81.5

生体情報や生活習慣，病歴，遺伝等と連動した，
健康状態や病気発症の予兆の高度な診断 81.5

図7·19　人工知能の利活用が望まれる分野 （[1]より作成）

7·8·4　人工知能の進化が雇用に与える影響

　技術革新は，一般的に，技術が人に取って代わることで生じる雇用の代替と同時
に，技術革新で生産性が比較的高くなった業界に企業が参入することで，新たな雇
用が創出されると考えられる．過去の技術革新を検証すると，19世紀の産業革命
では，製造業における作業を単純化して再構成することで，機械が導入されて熟練

工が不要になり，機械化の技術が個人のスキルの代わりになったといえる[2]．

　20世紀後半におけるコンピュータの普及については，コンピュータを使用するコストが急速に低下していったことで，自動化の適用領域がさらに拡大した．その際に，重要性が高まったスキルは，複雑なコミュニケーションと専門的な思考であり，重要性が低下したスキルは，定型的な手作業や定型的な認識業務であるといわれている．また，ICT導入の活発な産業では，知識集約型の非定型な分析業務が増大し，定型業務は減少していることが示されている．

　上述のように，技術革新による雇用への影響は，一律に固定的に決まるものではなく，時代によって様相が異なり，徐々に変化していることがわかる．

　人が業務の中で道具としてICTなどの技術を活用する時代から，人と人工知能の共同作業に重点を置いた時代へという変革が期待されている．このような新しい時代では，人と人工知能は，おたがいが仕事上のパートナーであり，そのためには，人と人工知能の相互の信頼関係が構築されること，そして人工知能が単独で自律的な労働を担えることが前提となる．また，人工知能を労働の担い手としてみた場合には，これまで人が携わってきた業務の一部を代替することで，業務効率や生産性向上の可能性が生まれ，さらに，これまで人が携わることができなかった業務を担うことで，新規業務や新規事業が創出される可能性あると予想される．

　井上[3]によると，職業を単純化して，肉体労働，事務労働，頭脳労働の3つに分けると，低所得者層は主に肉体労働に，中間所得層は事務労働に，高所得層は頭脳労働にそれぞれ従事しているものとする．人工知能を搭載したコンピュータが駆使される時代なっても，商品開発や研究開発などの頭脳労働や，介護，看護，建設などの肉体労働をできずにいる一方で，文書の作成や解析，事務手続きなどの事務作業は，人工知能によって人手を減らすことになるようである．現実に，アメリカでは，コールセンターや旅行代理店などにおける事務労働の雇用は，大幅に減少している．このような雇用破壊の結果，事務労働者は頭脳労働や肉体労働のほうへ移動し，労働市場の2極化が生じるといわれている．また，ウェイター・ウェイトレス，タクシーやバスの運転手，警備員，漁師などの肉体労働も人工知能やロボットの活用によって，雇用が失われる可能性が高いという予測も紹介されている．

　田原[4]は，人工知能に研究者やこれにかかわりの深い企業などを取材して，人工知能の実用化によって，どのような人間の仕事が，どのように影響されるかの事例を紹介している．コンピュータが単に膨大な計算を高速で処理する機械というレベルであれば，人工知能が登場しても，人間と人工知能の違いは，創造性と独創性で

あり，この2要素は人工知能にはもち得ない，ということになっていた．しかし，創造性とは，まったくゼロから何かを生み出すのではなく，幅広い経験を通じて学んだ，さまざまな手段をひとつひとつつなぎ合わせることで生じるわけで，これならば人工知能も可能である．人工知能によって失われる仕事が生じることは，少なくともいくつかの職業ではありうることで，しかもその影響は少なくない．仕事は何らかの組織に属して得られるものではなく，自力で新しくつくるのだと，田原氏はとらえている．後述の汎用人工知能が普及すればするほど，多くの人々が，それぞれ生きるために自分の仕事をつくるという，面白い時代になるとの考えを述べている．

7·8·5　特化型人工知能と汎用型人工知能

人工知能を，**特化型人工知能**（特化型 AI）と**汎用型人工知能**（汎用型 AI，汎用 AI）に分類することができる．特化型 AI は，特定の決まった作業を遂行するためのもので，自動運転技術や画像認識，将棋・チェス，人との会話など，一つの機能に専門化して稼働するシステムである．現在，具体化されているすべての人工知能は，特化型 AI である．それぞれの目的に特化した事務労働や，ロボット技術などを利用して特化型の肉体労働は，特化型 AI で作業することが近い将来に実現されるであろうという見通しである．

汎用 AI は，特定の作業や仕事に限定しないで，人間と同様に，あるいは人間以上に十分に広範な適用範囲と強力な汎化能力をもつ人工知能である．汎用 AI は，プログラミングされた特定の機能以外にも，自身の優れた知的能力を応用して対応できるとされる．人工知能分野の元来の目標は，人のような知能を実現することにあったと考えられるが，この目標は当初想定されたよりはるかに難しく，研究の対象はより狭い個別の課題を解決するような特定型 AI の開発へと移ってきた．汎用 AI とは，さまざまな特定タスクを学習によって実行できるようになるような一般的な仕組みを指すものと考えられる．汎用 AI は，人間レベルの知能の実現を目指しているので，他の AI プロジェクトと区別するために **AGI**（Artificial General Intelligence）とも呼ばれている．

汎用 AI が実現されて，自律的に作動する優秀な機械的知性が創造されることになる．その機械的知性を元に再帰的に機械的知性が進化していき，これを高速に繰り返すと人間の理解が及ばないほど優秀な知性，すなわちスーパーインテリジェンスが誕生するという仮説が成り立つ．人工知能が自分より賢い人工知能を作り

始めた時点で，すべてが変わる特異点が出現する．その特異点を，アメリカの未来学者，Ray Kurzweil は，**技術的特異点**（Technological singularity，**シンギュラリティ**）と名付けている．理論物理学者，Stephen W. Hawking は，この技術的特異点が到来する可能性を認め，完全な人工知能が開発できたら，それは人類の終焉を意味するかもしれないと警鐘を鳴らした．

井上[3]は，技術的特異点の意味を，次の4つの状態に区分している．

① 人工知能が人間の知性を超える
② 人工知能が自ら人工知能を生み出すことによって知能爆発が起きる
③ 人工知能が人間に代わって世界の覇権を握る
④ 人間がコンピュータと融合することによってポストヒューマンになる

アメリカの数学者，Vernor S. Vinge やロボット研究者，Hans Moravec は，これらのうちの ①，②，③ で，悲観論的な見方をしている．Ray Kurzweil は，これらのうちの ① と ④ で楽観論的な意見である．これらの研究者は，いずれも ① の状況が，2045 年に到来することを前提にしてる．これに対して，井上氏は ① の状況が，2045 年頃に実現するとは考えにくいとしている．それは，特化 AI を数多く開発して，人工知能が人間の知性の大部分を超えるということがあるとしても，人間の知性のすべてを超えることにはならないからである．

しかし，種々の仕事や労働が人工知能に置き換わっていくと，人間の営みは大きく変化し，新たな経済方策や社会方策を必要とすることになると，井上氏は考えている．そして，世界中で人工知能の研究が進められている現代において，やや立ち遅れているわが国では，人工知能による問題解決システムの進歩に相当な努力をしていかなければ，取り残されてしまうと指摘している[2]．

7章 │ 練習問題

問題7・1 ニューラルネットワークとディープラーニングの違いについて表形式でまとめなさい.

問題7・2 特徴量とハイパーパラメータについて, それぞれ200文字以上で説明しなさい.

問題7・3 説明変数と目的変数について, それぞれ200文字以上で説明しなさい.

問題7・4 ディープラーニングを扱うためのソフトウェアツールはさまざまなものが存在する. たとえば, MXNet, H2O, TensorFlow, Caffe などである. それぞれのプロジェクトのウェブサイトから, 情報を入手し, その違いについて説明しなさい.

問題7・5 機械学習の延長線上にあるといわれているディープラーニングで処理できることとして, 分類問題と回帰問題がある. この違いについて説明しなさい.

問題7・6 分類問題を扱う際に, テストデータに対する適合性を評価する尺度として, 正答率, 適合率, 再現率などがある. それぞれについて説明しなさい.

問題7・7 人工知能が果たしうる複数の機能を組み合わせて解決できる問題について議論しなさい.

問題7・8 図7・19 に示された人工知能の利活用が望まれる分野の中から2つを選び, 回答比率の違いがどのような意見の差によって生じたかを議論しなさい.

問題7・9 特化型人工知能と汎用型人工知能の違いを説明しなさい.

問題7・10 技術的特異点(シンギュラリティ)とは何かを説明しなさい.

08

ビッグデータ

本章では，ビッグデータの概要と，ビッグデータを取り扱う上での注意点について学習する．また，ビッグデータを統計処理する際に便利なツールとして知られる統計言語 R について取り扱う．さらに，ビッグデータを統計的に扱う際における基礎知識として，一般的にデータ解析分野においてもよく知られている数量化理論について学習する．

8·1 │ ビッグデータの定義と種類

8·1·1 ビッグデータの概略

現在，世の中には多くのデータが存在している．たとえば，以下のようなデータに分類できる．

① **ソーシャルメディアデータ** 掲示板，ブログ，動画共有サイトなど，インターネット上で不特定多数の人同士がコミュニケーションをとれるようなサイト上に記録されているデータのこと．

② **マルチメディアデータ** 画像や動画データ，音声データなど，文字のほかに複数の種類の情報をひとまとめにしたデータである．一例として，画像データを数値データへ変換したものを図 **8·1** に示す．￭ の部分が，それぞれ，1 ピクセル（画素）に相当する部分である．

③ **ウェブサイトデータ** たとえば，ウェブサーバ上に保管されているデータ，多くのユーザのブラウザの閲覧履歴，ログインに必要な情報など，ウェブサイトの関係するデータである．

④ **センサデータ** 現在，身の回りのあらゆるものがインターネットにつなが

```
227,166,122;228,167,123;228,167,123;228,167,123;227,165,124;
229,165,124;231,167,126;231,167,126;230,166,125;230,166,125;
227,165,124;229,167,126;230,168,127;230,168,127;228,163,124;
233,164,125;234,165,126;230,163,124;230,163,124;230,163,124;
225,163,122;226,164,123;227,165,124;226,164,123;225,163,122;
230,166,125;230,166,125;230,166,125;229,165,124;227,165,124;
231,165,124;230,164,123;231,165,124;234,168,127;231,166,127;
231,167,126;232,168,127;231,167,126;231,167,126;230.166,125;
```

図8·1　ピクセルデータ

り，IoT（Internet of Things：もののインターネット）という言葉が頻繁に
使われている．たとえば，改札，エレベータ，気象予測，自動ドア，スマー
ト家電などにおいて，さまざまな自動化されたセンサにより記録されたデー
タが蓄積されている．図8·2は，気象関連のデータである．

	東京	東京	東京	東京	東京	東京	東京	東京
	平均気温(℃)	平均気温(℃)	降水量の合計(mm)	降水量の合計(m	平均湿度(%)	平均湿度(%)	平均雲量(10分比)	平均雲量(10分比)
		均質番号		均質番号		均質番号		均質番号
2010年1月1日	4.8	1	--	1	33	1	0	1
2010年1月2日	6.3	1	--	1	35	1	0	1
2010年1月3日	5.7	1	--	1	41	1	6.3	1
2010年1月4日	6.5	1	--	1	41	1	5	1
2010年1月5日	7.3	1	2.5	1	49	1	3.8	1
2010年1月6日	6.5	1	--	1	30	1	0.5	1
2010年1月7日	7.3	1	--	1	35	1	6.3	1
2010年1月8日	7.6	1	--	1	39	1	2	1
2010年1月9日	7.2	1	--	1	34	1	2	1
2010年1月10日	7	1	--	1	36	1	0.8	1
2010年1月11日	5.3	1	0	1	49	1	9.3	1
2010年1月12日	3.9	1	6.5	1	68	1	10	1
2010年1月13日	5.3	1	0	1	44	1	5	1
2010年1月14日	3.8	1	--	1	31	1	0.5	1
2010年1月15日	4.6	1	--	1	37	1	0	1
2010年1月16日	3.8	1	--	1	31	1	0.3	1
2010年1月17日	4.9	1	--	1	29	1	0.3	1
2010年1月18日	5.3	1	--	1	43	1	5.3	1
2010年1月19日	8.4	1	--	1	51	1	1.8	1
2010年1月20日	11.6	1	--	1	47	1	6.5	1
2010年1月21日	13	1	--	1	51	1	7.8	1
2010年1月22日	7	1	--	1	27	1	4.5	1

図8·2　気象データの一例

⑤　**オペレーションデータ**　コンピュータを操作した際に生じた記録データであ
る．ユーザの操作や，システム全体の動作を記録し，オペレーションデー
タを分析することで，障害を事前に回避することも可能となる．図8·3は，
オープンソースソフトウェアの運用段階で生じた障害データの一例である．

	A	B	C	D	E	F	G	H	I	J
1	Bug ID	Opened	Product	Component	Version	Reporter	Assignee	Status	OS	Severity
2	847785	2012/8/13 10:36	Red Hat OpenStack	openstack-quantum	1.0 (Essex)	Gary Kotton	Alan Pevec	CLOSED	Unspecified	high
3	885431	2012/12/9 7:08	Red Hat OpenStack	openstack-packstack	2.0 (Folsom)	Nir Magnezi	Derek Higgins	CLOSED	Linux	low
4	867029	2012/10/16 11:08	Red Hat OpenStack	openstack-keystone	1.0 (Essex)	Alan Pevec	Alan Pevec	CLOSED	Unspecified	unspecified
5	883821	2012/12/5 6:39	Red Hat OpenStack	python-django-horizon	2.0 (Folsom)	Matthias Runge	Matthias Runge	CLOSED	Unspecified	unspecified
6	883831	2012/12/5 7:17	Red Hat OpenStack	openstack-glance	2.0 (Folsom)	Alan Pevec	Alan Pevec	CLOSED	Unspecified	unspecified
7	883836	2012/12/5 7:19	Red Hat OpenStack	openstack-cinder	2.0 (Folsom)	Alan Pevec	Alan Pevec	CLOSED	Unspecified	unspecified
8	873187	2012/11/5 5:08	Red Hat OpenStack	openstack-quantum	2.0 (Folsom)	Gary Kotton	Gary Kotton	CLOSED	Unspecified	urgent
9	884449	2012/12/6 4:45	Red Hat OpenStack	openstack-packstack	2.0 (Folsom)	Nir Magnezi	Derek Higgins	CLOSED	Linux	medium
10	884714	2012/12/6 10:47	Red Hat OpenStack	openstack-packstack	2.0 (Folsom)	Nir Magnezi	Derek Higgins	CLOSED	Linux .	high
11	884757	2012/12/6 11:39	Red Hat OpenStack	openstack-packstack	2.0 (Folsom)	Nir Magnezi	Derek Higgins	CLOSED	Linux	high
12	889880	2012/12/23 14:25	Red Hat OpenStack	python-django-horizon	2.0 (Folsom)	Ofer Blaut	RHOS Maint	CLOSED	Unspecified	medium
13	889756	2012/12/23 5:31	Red Hat OpenStack	openstack-packstack	2.0 (Folsom)	Nir Magnezi	RHOS Maint	CLOSED	Linux	medium
14	890168	2012/12/25 7:56	Red Hat OpenStack	openstack-cinder	2.0 (Folsom)	Nir Magnezi	RHOS Maint	CLOSED	Linux	medium
15	890835	2012/12/30 9:59	Red Hat OpenStack	openstack-quantum	2.0 (Folsom)	Ofer Blaut	RHOS Maint	CLOSED	Unspecified	low
16	892242	2013/1/5 23:27	Red Hat OpenStack	openstack-packstack	1.0 (Essex)	Perry Myers	RHOS Maint	CLOSED	Unspecified	low
17	862322	2012/10/2 11:47	Red Hat OpenStack	openstack-keystone	1.0 (Essex)	Dan Yocum	Matthias Runge	CLOSED	Unspecified	unspecified
18	862330	2012/10/2 12:27	Red Hat OpenStack	python-django-horizon	1.0 (Essex)	Dan Yocum	RHOS Maint	CLOSED	Unspecified	medium
19	892249	2013/1/6 0:36	Red Hat OpenStack	openstack-packstack	2.0 (Folsom)	Perry Myers	RHOS Maint	CLOSED	Unspecified	medium
20	890521	2012/12/27 8:31	Red Hat OpenStack	openstack-packstack	2.0 (Folsom)	Nir Magnezi	RHOS Maint	CLOSED	Linux	medium
21	891311	2013/1/2 9:54	Red Hat OpenStack	openstack-quantum	2.0 (Folsom)	Ofer Blaut	Chris Wright	CLOSED	Unspecified	low
22	891417	2013/1/2 16:35	Red Hat OpenStack	openstack-packstack	2.0 (Folsom)	Perry Myers	Derek Higgins	CLOSED	Unspecified	high
23	889269	2012/12/20 11:38	Red Hat OpenStack	openstack-packstack	2.0 (Folsom)	Nir Magnezi	Derek Higgins	CLOSED	Linux	urgent
24	888784	2012/12/19 8:31	Red Hat OpenStack	openstack-packstack	2.0 (Folsom)	Nir Magnezi	RHOS Maint	CLOSED	Unspecified	medium
25	890841	2012/12/30 10:46	Red Hat OpenStack	openstack-packstack	2.0 (Folsom)	Nir Magnezi	Derek Higgins	CLOSED	Linux	high
26	896526	2013/1/17 8:46	Red Hat OpenStack	openstack-quantum	2.0 (Folsom)	Ofer Blaut	RHOS Maint	CLOSED	Unspecified	medium
27	886541	2012/12/12 9:13	Red Hat OpenStack	openstack-packstack	2.0 (Folsom)	Derek Higgins	Martin Magr	CLOSED	Unspecified	high
28	896536	2013/1/17 9:01	Red Hat OpenStack	openstack-quantum	2.0 (Folsom)	Ofer Blaut	RHOS Maint	CLOSED	Unspecified	medium
29	904154	2013/1/25 10:38	Red Hat OpenStack	python-django-openstac		2.1 Stephen Gordon	RHOS Maint	CLOSED	Unspecified	unspecified
30	904269	2013/1/25 17:22	Red Hat OpenStack	doc-Getting_Started_Gui		2.1	Stephen Gordon	CLOSED	Unspecified	unspecified

図8·3　ソフトウェアフォルトデータの一例

⑥　**ログデータ**　たとえば，Webサイトにアクセスした際のアクセスログなどのデータがある．図8·4は，Webサイトへのアクセスログデータの一例である．

図8·4　アクセスログデータの一例

⑦　**オフィスデータ**　給与管理データ，会議書類に関するデータ，報告書データなど，企業活動に必要となるデータである．

⑧ **カスタマーデータ** 商品の購入履歴，SNSの情報，売上データなど，さまざまな顧客データであり，マーケティングにおいて利用されている．

上記のようなデータが，世界中のあらゆる場所からサーバ上へ記録されている．多くのデータはIoTなどのセンサデータの形で記録される場合や，クラウドコンピューティング環境において，ユーザデータとして登録される場合もある．

近年，世界各国政府がオープンデータとしてさまざまなデータを公開している．たとえば，以下のようなデータがあげられる．日本国内においても，総務省がオープンデータをさまざまなデータ形式で公開している．

① **日本国内におけるオープンガバメントデータ**

https://www.data.go.jp/

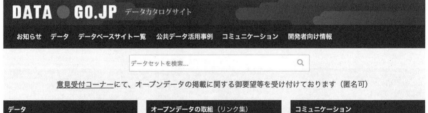

図8·5　日本国内におけるオープンガバメントデータ

② **アメリカ政府により公開されているオープンデータ**

https：//www．data．gov/

The home of the U.S. Government's open data

Here you will find data, tools, and resources to conduct research, develop web and mobile applications, design data visualizations, and more.

GET STARTED

SEARCH OVER 229,372 DATASETS

Credit Card Complaints

BROWSE TOPICS

 Agriculture Climate Consumer Ecosystems Education Energy Finance

図8·6 アメリカ政府により公開されているオープンデータ

8·1·2 ビッグデータの定義

前述したように，データにはさまざまな種類があるが，最近では以下のような性質をバランス良くもつデータは，**ビッグデータ**と呼ばれている．ビッグデータを特徴付ける定義として「3V モデル」がある．これは，以下に示すような3つの単語の頭文字の V から構成されている．

3V モデル（Volume：データ量，Variety：データの多様性，Velocity：速度）

ビッグデータの特徴は以下のとおりである．

① **Volume**：容量が大きい（明確な量の定義はない）
② **Variety**：データの種類として多様性があること
③ **Velocity**：データの記録にリアルタイム性があること

このように，3V モデルに示す特徴をバランス良く有するデータがビッグデータ

として定義されている.

一例として,フォールト(ソフトウェア障害)に関するビッグデータを図 8・7 に示す.

Bug ID	Opened	Product	Component	Version	Reporter	Assignee	Status	OS	Severity
78	2000/8/26 5:48	Tomcat 3	Unknown	Unknown	dwd	dev	RESOLVED	All	normal
79	2000/8/28 13:56	Tomcat 3	Connectors	3.1 Final	anonymous-bug	dev	RESOLVED	All	normal
80	2000/8/28 15:10	Tomcat 3	Jasper	3.1 Final	matthias.ernst	dev	RESOLVED	All	normal
81	2000/8/28 18:54	Tomcat 3	Unknown	Unknown	geoff	dev	RESOLVED	All	normal
82	2000/8/29 13:57	Tomcat 3	Connectors	3.1 Final	anonymous-bug	dev	RESOLVED	All	normal
83	2000/8/29 15:04	Tomcat 3	Jasper	3.1 Final	anonymous-bug	dev	RESOLVED	All	normal
84	2000/8/30 3:59	Tomcat 3	Auth	3.1 Final	alex.den.heijer	dev	RESOLVED	All	normal
85	2000/8/30 17:36	Tomcat 3	Connectors	3.2.1 Final	bren	dev	RESOLVED	All	normal
86	2000/8/31 6:45	Tomcat 3	Unknown	3.1 Final	anonymous-bug	dev	RESOLVED	All	normal
87	2000/8/31 12:54	Tomcat 3	Servlet	3.2.x Nightly	anonymous-bug	dev	RESOLVED	All	normal
89	2000/9/1 19:28	Tomcat 3	Connectors	3.1 Final	jean-paul_abgrall	dev	RESOLVED	All	normal
90	2000/9/2 17:31	Tomcat 3	Jasper	3.1 Final	todd	dev	RESOLVED	All	normal
91	2000/9/4 8:38	Tomcat 3	Servlet	3.2.1 Final	Laurent.Salle	dev	RESOLVED	All	normal
92	2000/9/5 5:59	Tomcat 3	Servlet	3.1 Final	lamberto	dev	RESOLVED	All	normal
93	2000/9/7 3:38	Tomcat 3	Jasper	3.2.1 Final	anonymous-bug	dev	RESOLVED	All	normal
94	2000/9/7 8:36	Tomcat 3	Jasper	3.2.1 Final	iblesa	dev	RESOLVED	All	normal
95	2000/9/7 20:20	Ant	Core tasks	1.2	anand	notifications	CLOSED	All	normal
96	2000/9/7 20:22	Tomcat 3	Connectors	3.2.1 Final	anand	dev	RESOLVED	All	normal
97	2000/9/8 3:03	Tomcat 3	Auth	3.1.1 Final	maxom	dev	RESOLVED	All	normal
98	2000/9/8 6:48	Tomcat 3	Servlet	3.2.1 Final	dev	dev	RESOLVED	All	normal
99	2000/9/8 8:13	Tomcat 3	Unknown	Unknown	stephen.mcgovern	dev	RESOLVED	All	normal
100	2000/9/8 13:19	Tomcat 3	Connectors	Unknown	anonymous-bug	dev	RESOLVED	All	normal

図 8・7　ソフトウェアフォールトに関する障害データ

図 8・7 はソフトウェアの障害報告データの一部分であり,実際は数万行(件) 以上のソフトウェア障害に関する詳細なデータである.これらは,カンマで区切ら れており,いわゆる CSV(Comma-Separated Values)と呼ばれる形式で,統計 処理しやすい保存形式で取得できる.

そのほかにも,XML 形式やタブ形式など,あらかじめデータを分析しやすい形 で保存されている場合が多い.ただし,オープンデータの場合には,まれに PDF などのようにデータを編集・分析しにくい形式で保存されている場合もあるため, 注意が必要である.

8・1・3　データを扱う上での注意点

一例として,ある交差点 A で発生した交通事故の件数は 10 件であったとする. また,交差点 B で発生した交通事故の件数は 100 件であったとする.この場合, どちらの交差点が危険であるだろうか.このデータだけから判断すると,交差点 B のほうが危険である.しかし,交差点を通過した自動車の台数が,交差点 A では 100 台,交差点 B では 10,000 台であると仮定した場合,交差点 A での事故の発生

確率は 10%，交差点 B は 1% となる．この場合，交差点 A のほうが危険であると判断できる．

　もう少し踏み込んで考えた場合，月曜日から日曜日までの曜日に応じて自動車の通過台数は変化するかもしれない．さらに，各曜日に対する時間帯に応じて自動車の通過台数は変化するかもしれない．このように，少ないデータだけで判断することは危険である．

　データを活用する上での特徴としては，以下のようなことがあげられる．

① 　少ないデータだけで判断することは危険
② 　データを分析することで原因を理解できる
③ 　データから将来を予測できる

　ビッグデータをいろいろな角度から分析することで，さまざまな観点から社会における現象を把握することが可能となり，新たな価値を発見することができる．

8·2 著作権と個人情報

8·2·1　権利の問題

　ビッグデータを取り扱う上での問題点もある．たとえば，研究などで利用する場合は，とくに注意が必要となるのが，コピーライトの問題である．多くのオープンデータは Web サイト上から自由にダウンロードできる．いくつかの国では，政府がオープンガバメントデータとしてさまざまなデータを公開している．それらのデータは，ある著作権の下で利用可能なものがあるため注意が必要である．また，Sensitive personal information（SPI：個人情報）に関する問題もある．

　マーケットデータやログデータなどは，多くの個人情報を含んでいる．**個人情報**とは，「ある特定の情報を組み合わせて個人を特定できるもの」と定義されており，「組み合わせることによって個人が特定できる」という点が重要である．

　一般的には，生活者の意識変化や国際的な個人情報保護への認識の高まり，さらには IT の進歩などの社会的背景により，個人の権利と利益を保護するために，個人情報を扱う事業者に対して，個人情報の取扱い方法を定めた法律である「個人情報保護法」が生まれてきた．

また，世界的な背景を見ると，1980年にOECD（経済協力開発機構）理事会で採択された「プライバシー保護と個人データの国際流通についてのガイドラインに関する理事会勧告」において，**OECD 8原則**の中に，以下に示す8つのガイドラインが記載されている．

① 収集制限の原則
② データ内容の原則
③ 目的明確化の原則
④ 利用制限の原則
⑤ 安全保護の原則
⑥ 公開の原則
⑦ 個人参加の原則
⑧ 責任の原則

上記のように，個人情報保護の基本となるガイドラインとして定められている．
さらに，著作権についてまとめると，著作者の権利として，以下の権利が定められている．

① **著作者人格権**　公表権・氏名表示権・同一性保持権
② **著作者財産権**　複製権・公衆送信権・展示権・貸与権・口述権など

また，著作者以外の権利として，以下の権利もある．

③ **著作隣接権**　録音権・譲渡権等

8·2·2　ライセンス上の問題

前述したように，われわれは，著作権と個人情報に配慮しつつ，さまざまな活動を行う必要がある．近年，社会においても情報システムがさまざまな場面で利活用されている．とくに，クラウドコンピューティングの活用により，その背後にはさまざまなユーザデータが蓄えられ，ビッグデータとして蓄積されている．さらには，IoTの普及により，人間が社会的に活動する場合においても，多くのセンサデータがサーバ上に蓄積されている．

このように，情報システムの行動原理を決定付ける仕組みのアルゴリズムは，人間が創作した知的生産物であるソフトウェアによって決められている．現在，さまざまなものがオープンシステムとして提供されている．ソフトウェアについても，標準化，短納期，コスト削減といった理由から，既存のオープンソースソフトウェアが利用されているケースが非常に多い．オープンソースソフトウェアを利用することで，さまざまなメリットがあるが，その背後には，品質の問題やライセンス上の問題などがある．とくに，ライセンス上の問題は，オープンソースソフトウェアの普及を妨げる要因として考えられている．

オープンソースソフトウェアには，さまざまなライセンス形態が存在する．その代表的なものとしては，以下のものがあげられる．

① **GPL**（GNU General Public License）　配布するプログラムにはソースコードを含んだ形で配布しなければならず，配布の際にはライセンス料などが含まれていてはならない．利用者や分野に対して差別してはならず，再配布は誰でも自由に行うことができる（その他詳細はライセンス文書を参照）．

② **LGPL**（GNU Lesser General Public License）　これは，上述の GPL の条項を緩やかにしたものであり，主に，ライブラリ・モジュールなどのリンクする形態に対して適用しやすくしたものである．

③ **BSD ライセンス**　主な特徴は，BSD のライセンスにしたがうソースコードを利用して，改変または複製して作成されたものをソースコードを公開しないで配布できるという点である．そのため，利用者にとっては利用しやすいライセンス形態である．

④ **その他**　X11 License, Apache Software License など，多数のライセンスが存在する．

8·3　データの可視化

8·3·1　データ処理の手順

現在，多くのデータがオープンデータとして公開され，世界各国政府により，オープンガバメントデータとして利活用が促進されつつある．こうしたオープンデータは，社会還元を目的とし，さまざまな組織や機関において利活用されること

を想定している．一般的に，データを分析する際には，そのプロセスが重要となる．データ分析の処理手順の一例を以下に示す．

① 目的の設定
② データの収集
③ データの前処理
④ データの可視化と俯瞰
⑤ データ分析のモデル構築
⑥ アルゴリズムの洗練
⑦ 分析作業
⑧ 結果からの考察

　上述したデータ分析プロセスのうち，3番目に該当する「データの前処理」のプロセスに関する工数が最も大きいことが知られている．データには，さまざまな種類がある．たとえば，テキストデータは，One Hot encoding などの手法により変換される．数値データは，単位の異なるデータ同士を比較する場合であれば，単位をそろえるための正規化などの処理も必要となる．

　また，画像データであれば，RGB や RGBA のような画素データへの変換も必要となる．とくに，画像データを機械学習により分析する場合は，扱うためのすべての画像サイズを合わせるという作業も必要となるケースもある．さらに，時系列データの場合には，横軸の時間単位を合わせる必要もある．単位時間として考えた場合，時間，日，週，月など，さまざまな単位時間を考慮する必要もある．このように，データの前処理の一部のみ紹介しただけであるが，扱うデータの多様性が増すほど，このほかにも多くの処理が必要となる場合が多い．

8·3·2　データの可視化

　データ可視化の一例を図 **8·8** に示す．同図は，図 **8·7** のデータに基づき，横軸を時間軸，縦軸はフォールト数とした場合におけるソフトウェアバージョンごとの時間的なフォールト数の推移をグラフ表示したものである．図 **8·7** だけでは，判別できなかったデータが，このように可視化することで，データの傾向を俯瞰して把握することが可能となる．図 **8·8** から，2009 年 8 月から 2011 年 3 月の期間にかけて発見されるフォールト数が急激に多くなる様子が確認できる．

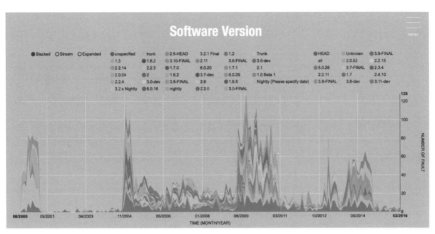

図 8·8 ソフトウェアフォールトに関するデータ可視化の一例

データ可視化のためのツールとして，統計言語Rによる一例を以下に示す．

```
library(ggplot2)
library(plotly)

file <- file("data.csv", open = "r", encoding = "shift-jis")
data <- read.table(file, header = T, sep = ",", fill = TRUE)

Version <- subset(data, select = c(Opened, Version))

Version$Opened <- as.Date(as.POSIXlt(Version$Opened), format =
"%Y/%b/%d")

Version <- ggplot(data = Version, aes(x = Opened, y = Version, colour
= Version)) + geom_count(show.legend = FALSE) + theme_bw(base_size =
7) + theme(legend.title = element_blank())
Version
Version <- ggplotly(Version)
htmlwidgets::saveWidget(Version, "Version.html", selfcontained =
FALSE)
```

```
dev.off()
```

　上記の R によるソースコードは，図 8・7 に示す "data.csv" のファイルを読み込み，Version.html というファイル名で図を表示するプログラムである．このプログラムには，図形描画のための ggplot2 と plotly の 2 種類のパッケージが使われているため，以下により，あらかじめパッケージをインストールしておく必要がある．

```
install.packages(c("ggplot2","plotly"), dep=T)
```

　また，統計言語 R による画像データ処理の一例を以下に示す．

```
library(jpeg)

img1 <- readJPEG("1.jpg")
img1 <- cbind(img1[,,1],img1[,,2],img1[,,3])
write(img1, file = "img1.csv", sep = ",", ncolumns = length(img1),
append=T)
```

　上記の R によるソースコードは，1.jpg という画像ファイルを読み込み，画像を数値データに変換した結果を img1.csv として保存するプログラムである．このプログラムには，画像を処理するための jpeg というパッケージが使われているため，以下により，あらかじめパッケージをインストールしておく必要がある．

```
install.packages(c("jpeg"), dep=T)
```

　さらに，統計言語 R による One Hot encoding の一例を以下に示す．

```
dat <- iris

dummied_dat <- dummies::dummy.data.frame(dat, sep = "_", names =
"Sepal.Length")

dummied_dat
```

　上記のRによるソースコードは，irisのデータを読み込み，irisデータのヘッダー名が "Sepal.Length" の列にあるデータを One Hot encoding により処理し，Rコンソール上に出力するプログラムである．このプログラムには，dummies パッケージが使われているため，以下により，あらかじめパッケージをインストールしておく必要がある．

```
install.packages(c("dummies"), dep=T)
```

8·4 ｜ 統計的解析と非統計的解析（AI）

　データ分析に関するアプローチとして，どの観点から分類するかによって解釈はさまざまであり，明確な区別や定義はされていないが，一例として，データ分析のためのアプローチの種類を図 **8·9** に示す．

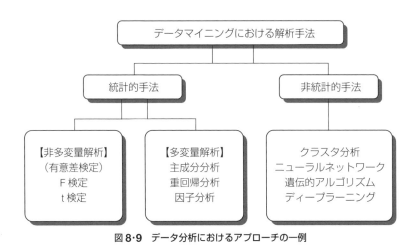

図8·9　データ分析におけるアプローチの一例

　7章において扱った分析手法は機械学習と呼ばれ，図 **8·9** の中では非統計的手法に分類される．ここでは，データ分析のアプローチの違いを理解するため，7章で扱ったデータを回帰分析により分析する．回帰分析では，独立変数と従属変数の間の関係を表す式を統計的手法によって推計する．

```
file <- file("train.csv", open="r", encoding="shift-jis")
data <- read.table(file, header=T, sep=",", fill = TRUE)

results <- glm(data$y~data$X1+data$X2+data$X3)

summary(results)
```

　上記の統計言語Rのソースコードは，図7・4におけるデータのヘッダーyを目的変数，ヘッダー1，2，および3を説明変数とした場合において，重回帰分析を行うものである．上記の分析結果の一例は，以下のようになる．

```
Coefficients:
              Estimate    Std. Error    t value    Pr(>|t|)
(Intercept)   0.325992    0.008477      38.454     <2e-16 ***
data$X1       0.179839    0.023160      7.765      1e-14 ***
data$X2       -0.008653   0.005442      -1.590     0.112
data$X3       0.184594    0.014083      13.108     <2e-16 ***
```

　この分析結果から，関係式は，y=0.179839 X1 − 0.008653 X2 + 0.184594 X3 のように表すことができる．

```
file <- file("train.csv", open="r", encoding="shift-jis")
data <- read.table(file, header=T, sep=",", fill = TRUE)

results <- glm(data$y~., data=data)

summary(results)
```

　上記の例では，説明変数が3つの場合を扱っていたが，y列以降の残りすべてを説明変数として扱いたい場合は，以下のように修正することで取り扱うことが可能である．

8·5 │ ビッグデータを解析できる統計言語 R 環境の構築

　統計言語 R は，さまざまな統計処理を行うことが可能なアプリケーションソフトウェアである．統計言語 R には，統計処理をするための多くのパッケージが存在し，サードパーティで開発公開されているものもある．とくに，データ解析に特化しており，近年，IEEE（Institute of Electrical and Electronics Engineers：米国電気電子学会）から発行されている IEEE Spectrum という雑誌のまとめたプログラミングランキングにも上位に位置している言語の一つである．

　統計言語 R の開発プロジェクトサイトは，以下の URL にある．執筆時点における R の最新の安定バージョンは，R version 3.6.1 である（2020 年 2 月現在）．

```
https://www.r-project.org/
```

The R Project for Statistical Computing

[Home]

Download
CRAN

R Project
About R
Logo
Contributors
What's New?
Reporting Bugs
Conferences
Search
Get Involved: Mailing Lists
Developer Pages
R Blog

R Foundation
Foundation
Board
Members
Donors
Donate

Getting Started

R is a free software environment for statistical computing and graphics. It compiles and runs on a wide variety of UNIX platforms, Windows and MacOS. To download R, please choose your preferred CRAN mirror.

If you have questions about R like how to download and install the software, or what the license terms are, please read our answers to frequently asked questions before you send an email.

News

- R version 3.6.2 (Dark and Stormy Night) prerelease versions will appear starting Monday 2019-12-02. Final release is scheduled for Thursday 2019-12-12.
- R version 3.6.1 (Action of the Toes) has been released on 2019-07-05.
- useR! 2020 will take place in St. Louis, Missouri, USA.
- R version 3.5.3 (Great Truth) has been released on 2019-03-11.
- The R Foundation Conference Committee has released a call for proposals to host useR! 2020 in North America.
- You can now support the R Foundation with a renewable subscription as a supporting member
- The R Foundation has been awarded the Personality/Organization of the year 2018 award by the professional association of German market and social researchers.

図8·10　R のプロジェクトサイト

　このプロジェクトサイトにリンクされている以下のミラーサイトからインストーラをダウンロードできる．

```
https://cran.r-project.org/mirrors.html
```

```
                              CRAN Mirrors

The Comprehensive R Archive Network is available at the following URLs, please choose a location close to you. Some statistics on the status of the mirrors can be found here: main page, windows release, windows old release.

If you want to host a new mirror at your institution, please have a look at the CRAN Mirror HOWTO.

0-Cloud
    https://cloud.r-project.org/                                Automatic redirection to servers worldwide, currently sponsored by Rstudio
Algeria
    https://cran.usthb.dz/                                      University of Science and Technology Houari Boumediene
Argentina
    http://mirror.fcaglp.unlp.edu.ar/CRAN/                      Universidad Nacional de La Plata
Australia
    https://cran.csiro.au/                                      CSIRO
    https://mirror.aarnet.edu.au/pub/CRAN/                      AARNET
    https://cran.ms.unimelb.edu.au/                             School of Mathematics and Statistics, University of Melbourne
    https://cran.curtin.edu.au/                                 Curtin University of Technology
Austria
    https://cran.wu.ac.at/                                      Wirtschaftsuniversität Wien
Belgium
    https://www.freestatistics.org/cran/                        Patrick Wessa
    https://lib.ugent.be/CRAN/                                  Ghent University Library
Brazil
    https://nbcgib.uesc.br/mirrors/cran/                        Computational Biology Center at Universidade Estadual de Santa Cruz
    https://cran-r.c3sl.ufpr.br/                                Universidade Federal do Parana
    https://cran.fiocruz.br/                                    Oswaldo Cruz Foundation, Rio de Janeiro
    https://vps.fmvz.usp.br/CRAN/                               University of Sao Paulo, Sao Paulo
    https://brieger.esalq.usp.br/CRAN/                          University of Sao Paulo, Piracicaba
Bulgaria
    https://ftp.uni-sofia.bg/CRAN/                              Sofia University
Canada
    https://mirror.its.sfu.ca/mirror/CRAN/                      Simon Fraser University, Burnaby
    https://muug.ca/mirror/cran/                                Manitoba Unix User Group
    https://mirror.its.dal.ca/cran/                             Dalhousie University, Halifax
    http://cran.utstat.utoronto.ca/                             University of Toronto
```

図8·11 Rのミラーサイト

Rの Windows 版は，図 **8·12** のサイトにある「Download R for Windows」から移動すると，図 **8·13** のようなサイトが表示される．

```
                        The Comprehensive R Archive Network

                  ┌────────────────────────────────────────────────────────────────────
                  │ Download and Install R
CRAN              │
Mirrors           │ Precompiled binary distributions of the base system and contributed packages, Windows and Mac users most likely
What's new?       │ want one of these versions of R:
Task Views        │
Search            │   • Download R for Linux
                  │   • Download R for (Mac) OS X
About R           │   • Download R for Windows
R Homepage        │
The R Journal     │ R is part of many Linux distributions, you should check with your Linux package management system in addition to
                  │ the link above.
Software          ├────────────────────────────────────────────────────────────────────
R Sources         │ Source Code for all Platforms
R Binaries        │
Packages          │ Windows and Mac users most likely want to download the precompiled binaries listed in the upper box, not the source
Other             │ code. The sources have to be compiled before you can use them. If you do not know what this means, you probably do
                  │ not want to do it!
Documentation     │
Manuals           │   • The latest release (2019-07-05, Action of the Toes) R-3.6.1.tar.gz, read what's new in the latest version.
FAQs              │
Contributed       │   • Sources of R alpha and beta releases (daily snapshots, created only in time periods before a planned release).
                  │
                  │   • Daily snapshots of current patched and development versions are available here. Please read about new features
                  │     and bug fixes before filing corresponding feature requests or bug reports.
                  │
                  │   • Source code of older versions of R is available here.
                  │
                  │   • Contributed extension packages
                  ├────────────────────────────────────────────────────────────────────
                  │ Questions About R
                  │
                  │   • If you have questions about R like how to download and install the software, or what the license terms are,
                  │     please read our answers to frequently asked questions before you send an email.
                  └────────────────────────────────────────────────────────────────────
```

図8·12 Rのダウンロードサイト

図 **8·13** の画面にある「install R for the first time.」のリンク先からインストーラをダウンロード可能である．

図8・13 **R** のインストーラの場所

　次に，具体的なインストール手順を示す．R の
インストーラを立ち上げると，図**8・14**のような
言語選択の画面が表示されるため，ここで「日本
語」を選択する．

　図**8・15**のように，GNU GENERAL PUBLIC
LICENSE のライセンス条項への同意を求められ
るため，確認したあとに「次へ＞」を押下する．

図**8・14**

図8・15 **R** のインストーラの初期画面

　このとき，インストール先を指定する画面が表示されるが，基本的には，デフォ

ルトの状態のままでよいため，このままの状態で「次へ＞」を押して進めればよい（図8·16）．インストール先を変更した場合は，サードパーティのパッケージをインストールする際などにファイル許可権限の問題など，トラブルが発生する可能性もある．

図8·16　インストール先の指定

次のコンポーネントの選択画面においても，「32-bit Files」や「64-bit Files」などあるが，ファイル容量もそれほど大きくないため，基本的にはデフォルト状態のままで，「次へ＞」ボタンを押して進めれば問題ない（図8·17）．

図8·17　コンポーネントの選択

次に表示される「起動時オプション」についてもデフォルトのまま進めればよい（図 8·18）.

図 8·18　起動時オプション

次に表示される「追加タスクの選択」画面においても，そのまま「次へ＞」ボタンを押して問題ない（図 8·19）.

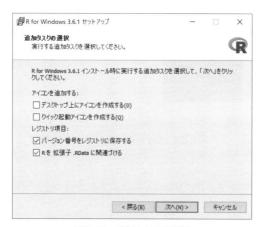

図 8·19　追加タスクの選択

次のステップで，インストールが開始され，しばらくするとインストールが完了する.

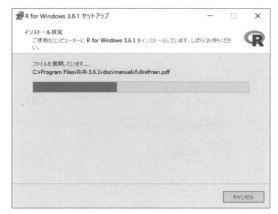

図 8·20 インストール状況

図 **8·21** の画面が表示されて，インストールが完了する．

図 8·21 セットアップウィザードの完了

R のインストール完了後，Windows のショートカットアイコンなどから R を起動すると，図 **8·22** のような画面が立ち上がる．

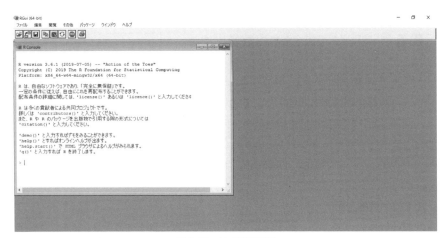

図 8·22　R の起動画面

　Windows の場合は，起動した際に，メニューの「ファイル」から，「ディレク
トリの変更」において，R のソースコードがある場所を選択する必要がある．こ
の作業により，R のソースコードの場所をアプリケーションが認識し，ソース
コードと同じディレクトリ上にあるデータファイルを読み込むことが可能となる．
Windows OS の場合における R の操作は，以下のとおりである．

　　　　R のソースコードの保存：Ctrl＋S
　　　　R の実行：Ctrl＋A のあと Ctrl＋R

　R はインタプリタ型言語のため，Ctrl＋A で実行したいソースコードを全選択し
たあとに，Ctrl＋R で実行することで，選択したすべてのコードを実行できる．
　前述したように，Windows OS の場合は，R を起動した際に，「ディレクトリの
変更」において，R のソースコードがある場所を選択しておく．この作業をあらか
じめ行っておけば，ソースコードと同じディレクトリ上へデータファイルを置くこ
とで，ソースコードと同じカレントディレクトリ上にあるファイルを読み取ること
ができる．

8·6 データを扱うための数量化理論

データ分析手法としては，さまざまなものがある．統計数理研究所によって開発された**数量化理論**が有名である．その中には，Ⅰ類やⅡ類のように分類されており，回帰分析，判別分析，主成分分析，因子分析などが存在する．とくに，**回帰分析**は，ニューラルネットワークを含めたディープラーニングの数学の基礎になるものと考えてよい．ここでは，回帰分析，判別分析，因子分析について取り上げる．

8·6·1 回帰分析

回帰分析において，まず以下のような回帰式を考える．このとき，x を説明変数といい，y を目的変数という．説明変数が1つの場合は**単回帰分析**と呼ばれ，説明変数が2つ以上の場合は**重回帰分析**と呼ばれる．

$$y = ax + b + \epsilon$$

ここでは，上記のような単回帰分析について説明する．

n 組のデータ $\{(x_1, y_1), (x_2, y_2), \cdots, (x_n, y_n)\}$ が得られたとする．このとき，以下のような回帰直線を考える．

$$y_i = ax_i + b + \epsilon_i$$

ここでは，上記の回帰直線に含まれるパラメータ $\hat{a}$ および $\hat{b}$ を推定する際に，最小二乗法を用いる．**最小二乗法**とは，実測値と回帰直線との誤差 ϵ を最小にするように回帰直線を引く方法である．

すなわち，以下のように，誤差（最小二乗法の推定量）を最小にする値を見つける．

$$Z = \sum_{i=1}^{n} \epsilon_i^2 = \sum_{i=1}^{n} \{y_i - (ax_i + b)\}^2$$

誤差を最小にする点を見つけるために，傾きが0となる部分を見つける必要がある．そのためには，以下のように，各パラメータに関して1回微分して0と置けばよい．

$$\frac{\partial Z}{\partial a} = -2 \sum_{i=1}^{n} \{y_i - (ax_i + b)\} x_i$$

$$\frac{\partial Z}{\partial b} = -2 \sum_{i=1}^{n} \{y_i - (ax_i + b)\}$$

この式を書き換えれば，以下のようになる．これを正規方程式という．

$$\sum_{i=1}^{n} y_i x_i - \hat{a} \sum_{i=1}^{n} x_i^2 - \hat{b} \sum_{i=1}^{n} x_i = 0$$

$$\sum_{i=1}^{n} y_i - \hat{a} \sum_{i=1}^{n} x_i - n\hat{b} = 0$$

したがって，各パラメータの推定値$\hat{a}$および$\hat{b}$は，以下のように与えられる．

$$\hat{a} = \frac{\sum_{i=1}^{n}(x_i - \overline{x})(y_i - \overline{y})}{\sum_{i=1}^{n}(x_i - \overline{x})^2}$$

$$\hat{b} = \overline{y} - \hat{a}\,\overline{x}$$

たとえば，上記の回帰分析の結果として，以下のような回帰直線が得られたとする．

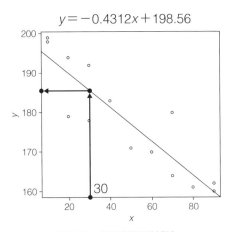

図 8·23 回帰直線の分析例

このとき，たとえば，横軸の説明変数の値が30であった場合，目的変数の値は約185であることがわかる．

8·6·2 判別分析

データ分析を行う場合，得られたデータ（標本）を分類したほうがよいケースがある．さらに，得られたデータに基づいて，将来的にどのようになるのかを予測し

たいことがある．こうした問題を扱う際に便利なのが**判別分析**である．所属がわからない個体が2つのグループのいずれに属するかを判別する問題を2群判別分析という．さらに，3つ以上のグループのいずれに属するかを判別する問題を多群判別分析という．統計言語Rで判別問題を扱う場合は，lda というコマンドを利用することで，線形判別問題を取り扱うことが可能となる．

たとえば，

```
lda(TF~., data=train)
```

のように入力すればよい．このとき，TF は目的変数に該当するデータのヘッダを表す．ここで，「~.」は TF 以降のすべてのデータを説明変数とすることを意味している．data=train は，入力データとして train という変数を指定していることを表している．

8·6·3　因子分析

因子分析は，多変量解析の一つである．観測されたデータが，どのような潜在的な変数から影響を受けているかを探る手法であり，この潜在的な変数は共通因子とも呼ばれる．複数の変数の関係性を把握するために用いられる．イメージとしては，以下のようになる．

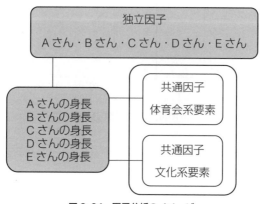

図8·24　因子分析のイメージ

一例として，統計言語Rによる因子分析のためのコードを以下に示す．

```
file <- file("fdata.csv", open="r", encoding="shift-jis")
data <- read.table(file, header=T, sep=",", fill = TRUE)

results <- factanal(data, factors=2)

results

png("factanal.png", width = 1000, height = 700, pointsize = 3,
res=500)
par(mfrow=c(1,2))
barplot(results$loadings[,1])
barplot(results$loadings[,2])

dev.off()
```

読み込んでいるデータは，図 **8·25** のようなデータである．

	A	B	C	D	E
1	A	B	C	D	E
2	57	57	80	51	37
3	13	88	88	6	1
4	50	93	1	83	83
5	36	89	89	80	80
6	93	93	93	95	95
7	59	85	85	59	59
8	37	43	60	58	58
9	44	44	25	69	69
10	40	40	38	4	27
11	72	72	72	38	51
12	85	85	85	8	37

図 **8·25** 因子分析のための分析データ

　このプログラムを実行すると，図 **8·26** のような図が出力される．この図から，なんらかの共通因子によって ABC と DE に分類されていることが確認できる．

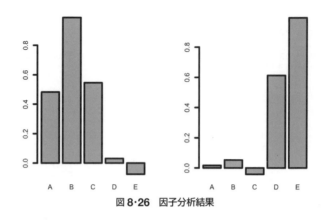

図8·26 因子分析結果

8章 | 練習問題

問題8·1 日本国内におけるオープンガバメントデータとアメリカ政府により公開されているオープンデータのウェブサイトを閲覧し，どのようなデータが公開されているか調査せよ．また，公開されているデータ形式について，どのような拡張子のファイルがあるか調査し，各拡張子に対して説明する一覧表を作成しなさい．

問題8·2 オープンソースソフトウェアのライセンスの種類に関する一覧表を作成しなさい．

問題8·3 機械学習と回帰分析の違いについて，それぞれ200文字以上で説明せよ．

問題8·4 回帰分析，判別分析，因子分析のそれぞれに対して，どのようなデータに対して適用できるか，具体的な事例をあげて説明しなさい．

問題8·5 数量化理論におけるI類からIII類までについて，どのような手法があるか調査し，それぞれについて説明しなさい．

09

マネジメント

　情報システムを開発する際には，プロジェクトを編成するのが一般的である．そこで本章では，まずプロジェクトのマネジメントについて解説する．現代の企業活動は，情報通信技術を活用して行われるが，その企業活動のマネジメントとは何かについて説明する．最後に，重要課題の一つである情報セキュリティの管理策について，具体例を説明している．

9·1 ｜ プロジェクトマネジメント

9·1·1　プロジェクトとマネジメント

　コンピュータの仕組みと利用技術を学ぶためには，コンピュータシステムを応用して解決すべき課題について理解しておくことは大切である．今後ますますコンピュータシステムによる問題解決が求められる分野の一つに，マネジメントの問題がある．コンピュータの高度な利用によって，これまでの経営戦略が根本的に変革され，問題のとらえ方も変化して，本質的で画期的な問題解決にいたる未来を開拓することができる．

　本節では，まず経営戦略におけるプロジェクトマネジメントについて解説する．

　コンピュータを設計・開発したり，コンピュータの利用技術や新しい利用方法を開発・管理する際，異なる専門分野をもつ種々の人々が参画して，プロジェクトを構成し，プロジェクトを運営して，課題となる業務を遂行したり，問題解決を図るプロジェクト型の仕事が一般的になっている．

　プロジェクト（Project）とは，その開始日と終了日が設定され，定められた目標を達成するために必要な活動を調整し，管理し，遂行する独自性のある 1 回限りの業務プロセスの集合を指している．プロジェクトの目標を達成するとは，定めら

れた要求事項に適合する成果物を産出することである．プロジェクトとは，過去に類似のプロジェクトはありうるが，過去にすべて同じ条件で，同じプロジェクトを実施した経験のないような，新しい課題解決の仕事を指している．そのため，プロジェクトの設定や遂行には，不確定な要素や未知の事態に遭遇する場合があり，試行錯誤的な努力と失敗のリスクもありうることを想定しなければならない．

多くのプロジェクトには多様な制約があるため，それぞれのプロジェクトに独自性があり，他のプロジェクトと次のような相違点が生じる．

① 産出すべき成果物の違い
② 影響を及ぼすステークホルダーの違い
③ 使用する経営資源の違い
④ 制約条件の違い
⑤ 成果物を産出するために業務方法の違い

ここに**ステークホルダー**（Stakeholder）とは，**利害関係者**（Interested party）であり，次のようなプロジェクトに関係する人たちである．

① 顧客
② 組織の所有者
③ 組織内の人々
④ 外部提供者，外部供給者
⑤ 資本家（出資者）
⑥ 規制当局
⑦ 組合
⑧ パートナ（ビジネスパートナ）
⑨ 社会

すべてのプロジェクトには，明確な開始と終了があり，組織の統括者が定める開始から終了にいたる複数のフェーズ（後述のプロジェクトフェーズ参照）があり，このフェーズの集合を**プロジェクトライフサイクル**（Project life cycle）という．ここに，組織とは，その集団の目標を達成するために，責任，権限，たがいに関係する独自の機能をもつ集団を指し，営利を目的とする企業だけでなく非営利団体も

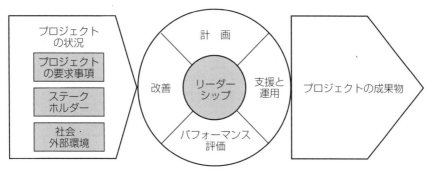

図9·1 プロジェクトマネジメントの考え方

含まれる.

　プロジェクトマネジメント（Project Management）とは，プロジェクトライフサイクルのさまざまなフェーズで，適切な方法，ツール，技法およびコンピテンシーを当該プロジェクトに適用し図**9·1**のように，リーダーシップを発揮して，プロジェクトの状況に応じてプロジェクトの計画，支援と運用，パーフォマンス評価，改善を推進し，プロジェクトの成果物を産出する活動を意味している.

　ここに，**コンピテンシー**（Competency）とは，**力量**ともいい，意図した結果を達成するために知識および技能を適用する能力を指している．コンピテンシーは，種々の業務活動において，その仕事を実行して期待される成果をあげるために必要な専門知識や専門技能を意味している.

9·1·2　プロジェクトと環境

　プロジェクトとそれを取り巻く環境やプロジェクトの対義語である定常業務との関係は，**JIS Q 21500：2018**に基づいて作成された図**9·2**のように表される[2].

　図**9·2**は，点線が組織とその外部環境との境界，またはプロジェクト組織とその外部環境との境界を表している．同図中の矢印は，論理的な流れの方向である．組織にはその使命や方針があり，企業などの組織の目的を達成する手段として，プロジェクトが構成される．組織の目的を達成するために，プロジェクトを構成する機会が生じ．プロジェクトによって解決が求められるビジネスケースと呼ばれる案件が，プロジェクトの前提となる．各ビジネスケースには，達成すべき目標や成果物，開始と終了の期日，使用できる人材・資金・設備などの経営資源，その他の制約条件が設定される.

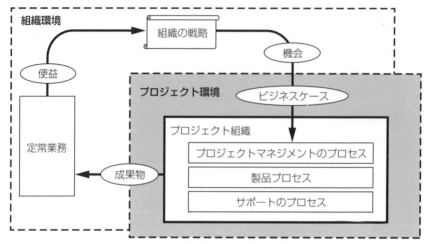

図9·2　プロジェクトと環境の関係

　組織体がプロジェクトを編成する場合は，定常業務では処理できない，または処理することが適切でない場合であり，時限的に活動するプロジェクトの成果物は，定常業務を支援し，定常業務の一部として，便益，すなわち企業活動の価値を創出するのに貢献することになる．

　定常業務は，組織体の永続的なチームで，継続的で繰り返し遂行される仕事であり，組織を維持する際の基本的な駆動源である．これに対して，プロジェクトは，期間限定のチームによって，通常は1回限りの業務として，特定の成果が得られることが期待される．

9·1·3　プロジェクトマネージャ

　プロジェクトマネージャ（Project Manager）は，プロジェクトの計画と実行において総合的な責任をもつ職務または管理者を指し，プロジェクトの活動を指揮し，マネジメントを実施して，プロジェクトの完了に関する説明責任を負っている．**説明責任**（Accountability）とは，利害関係者に約束したプロジェクトの職務や目標を達成する責務を意味している．説明責任に対して**実行責任**（Responsibility）を区別することがある．実行責任とは，説明責任をともなう職務を実行する責任と権限である．実行責任は，その権限の一部を部下に移譲して任務を遂行させることができるが，その場合，説明責任は移譲できないと考えられている．

　一般に，責任は説明責任と実行責任を含む広い意味で使われている．したがって，プロジェクトマネージャには担当するプロジェクトに関する説明責任があるわけである．プロジェクトの規模が大きい場合，プロジェクトマネジメントを行うチームが編成され，プロジェクト活動を指揮し，プロジェクトマネージャを支援することになる．プロジェクトのメンバーであるプロジェクト要員は，その活動を実行するが，プロジェクト要員のコンピテンシを必要なレベルに引き上げ，教育の機会を与えることも，プロジェクトマネージャの仕事に含まれる．

9·1·4　プロジェクトマネジメントのプロセス

　プロジェクトの典型的な業務プロセスには，プロジェクトの立ち上げ，計画，実行，管理，終結という段階がある．

　プロジェクトマネジメントにおける**立ち上げプロセス**では，プロジェクトフェーズと目標を定義し，プロジェクト作業を進める許可を得るための準備を行う．**プロジェクトフェーズ**（Project Phase）とは，プロジェクトマネジメントを行うために論理的，期間的，段階的にプロジェクトの区切りを指し，情報システム開発プロジェクトの例では，計画フェーズ→要件定義フェーズ→設計・開発フェーズ→テスト・移行フェーズ→運用・保守フェーズという段階でプロジェクトが進行する．

　プロジェクトマネジメントにおける**計画プロセス**では，次の項目について全体計画を立案し，文書化する．

① プロジェクト実施の理由や根拠
② プロジェクト成果物の提出先
③ プロジェクト成果物の仕様
④ プロジェクトにかけるコスト
⑤ プロジェクトの実行方法，管理方法，終結方法
⑥ プロジェクト遂行に関するリスク
⑦ プロジェクトのスケジュール
⑧ プロジェクトにおけるコミュニケーション方法
⑨ プロジェクト遂行に関する品質，健康，環境，安全
⑩ プロジェクトマネジメントの役割，責任，チーム編成，手順

　プロジェクトマネジメントにおける**実行プロセス**では，全体計画にしたがって，

作業を指揮し，マネジメントを実施して，作業中に発生する諸問題に対処し，最終的な成果物の完成を支援する活動を行う．

プロジェクトマネジメントにおける**管理プロセス**とは，作業遂行状況を監視し，そのパフォーマンスを測定し，作業の改善に関するデータを分析し，プロジェクト計画との差異を把握し，作業の変更を含む必要な処置を行い，プロジェクトの進行に関する正確な現状説明を準備する．

パフォーマンス（performance）とは，プロジェクトにおける作業の有効性を意味し，所定の方法で測定し，記録し，評価するための指標である．管理プロセスでは，予期できない問題ややむを得ない事情が生じる場合があり，そのためプロジェクトの作業や成果物を修正したり，変更したりすることがある．このような場合に備えて，変更要求を記録し，変更可否の承認を得て，変更内容を記録し管理する必要がある．そのようなプロジェクトに関する変更の管理は，プロジェクトマネジメントの重要な機能である．

プロジェクトマネジメントにおける**終結プロセス**は，プロジェクトのすべての作業を完了し，プロジェクトのすべてのフェーズが終了したことを確認するために実施する．終結プロセスでは，得られた成果物を提出し，プロジェクトのすべての活動を検証し，標準的な書式で作成された文書を収集し，保管した上で，プロジェクトを解散し，資源を開放する．なお，プロジェクトの進行途中で，成果物が不要になり，またはプロジェクトが中止された場合でも，上記と同様に終結プロセスを実施することが望ましい．

9・1・5　プロジェクトマネジメントの実施

プロジェクトマネジメントの実施によって得られた教訓や知見は，今後のプロジェクトに役立たせるために，収集，編集，標準化，保存によって普及させ，利用することが望ましい．

プロジェクトマネジメントの実施では，多種多様なプロセスが発生する．**プロジェクト統合マネジメント**（Project Integration Management）とは，次の7つのステップによって，プロジェクトマネジメントを体系化する考え方である．

ステップ1：立ち上げプロセスにおけるプロジェクト憲章作成
ステップ2：立ち上げプロセスにおけるプロジェクトスコープ記述書暫定版作成
ステップ3：計画プロセスにおけるプロジェクトマネジメント計画書作成

ステップ4：実行プロセスにおけるプロジェクト実行の指揮・マネジメント

ステップ5：実行プロセスにおける監視コントロール

ステップ6：実行プロセスにおける統合変更管理

ステップ7：終結プロセスにおけるプロジェクト終結

プロジェクト憲章作成では，顧客，スポンサーなどのステークホルダーからの要求事項を明確にし，プロジェクトの目的，成果物，制約条件，プロジェクトマネージャの決定と任命，その権限範囲，ステークホルダーの関与事項，全体スケジュールと予算を明記し，プロジェクトの関係者全員に了解と周知を図り，これらの決定事項を憲章として順守していく約束を確認する．

プロジェクトスコープ記述書暫定版とは，プロジェクトマネージャがプロジェクトのスポンサーや発案者に聞き取り調査を行い，次のような項目について抽象的な内容を含めて記述した文書である．これは，プロジェクトの性格から不確実性を避けられないので，プロジェクトの詳細を計画し，段階的に実施した結果に基づく修正を前提とした暫定版と付記される文書である．

① プロジェクトおよび成果物の目的

② 成果物の受け入れ基準（成功とみなされる判断基準）

③ プロジェクト作業の境界線（作業範囲の区分）

④ プロジェクトの前提条件（法的な規制，業界の基準，倫理規定など）

⑤ プロジェクトの制約条件（個別の絶対的条件，緩和的に許容範囲のある条件）

統合変更管理とは，種々の変更要請内容や承認された変更事項などの変更内容を統一的に取り扱う方式による変更の管理を意味している．

とくに不確実性をもつ種々の要素が含まれるプロジェクトを扱うプロジェクトマネジメントでは，以下のような不測の事態に対応できるマネジメントが必要になる．

① ステークホルダマネジメント：ステークホルダーからの予期しない要求事項や制約条件などの変更

② スコープマネジメント：プロジェクトスコープ記述書暫定版に記載された事項に関する予期しない変更

③　資源マネジメント：利用可能な資源に関する予期しない変更

④　タイムマネジメント：スケジュールに関する予期しない変更

⑤　コストマネジメント：見積もり原価に対する実際原価の予期しない差異

⑥　リスクマネジメント：予期しないリスクに関する対応

⑦　品質マネジメント：設計品質に対する実際の品質の予期しない差異

⑧　調達マネジメント：計画された調達に対する実際の調達の予期しない差異

⑨　コミュニケーションマネジメント：報告，相互連絡，確認などのコミュニケーションに関する予期しないトラブル

　プロジェクトを成功させるためには，可能な限り不確実性を取り除くとともに，予測できない事態が発生した場合の対応策を，可能な限り，事前に準備しておくことが重要である．

9·2 | 企業活動

9·2·1　企業理念と社会的責任

　企業は，一般に市場経済における経済活動の主体であり，外部から資金を調達し，労働力を確保し，原材料を調達して，事業目的である生産，流通，販売，金融，サービスなどの活動を行い，製品，商品，サービスなどを販売して，利益を獲得する経済活動を行っている．しかし企業は，社会を前提とした人間による活動を行う集団であるから，企業の社会的責任を果たし，社会の発展に貢献する存在であることが求められている．

　企業の本質的な目的は，人間性の尊重を前提として，顧客や市場からの要求事項を満たし，顧客満足を満たす度合いによって顧客や市場から評価され，適正な利益を得て，社会的存在である責任や役割を果たしながら継続的に運営していくことである．そのためには，**企業理念**として，人間性の重視，経済性の追求，社会性の自覚が明示されていることが重要となる．これらの理念を実現するために，企業は技術の向上，知識の深化，経験の蓄積によって，品質の向上，原価の低減，納期短縮や生産量の拡大，環境負荷の低減，安全性の向上に努力しなければならない．

1. 企業理念

企業理念とは，事業を遂行する際に，企業とその経営者や従業員がもつ基本的な価値観と目的意識を事業目的に対応して表現した考え方である．**経営理念**は，企業理念とともに，基本理念と行動理念の3つから構成されると考えられる．**基本理念**とは，企業の基盤となる考え方であり，**行動理念**は企業活動を実施する際に基準となる考え方を明示したものであるから，一般に経営理念は頻繁に修正したり，変更したりするものではなく，その企業の使命や存在意義を表現したものである．

2. 企業の社会的責任

企業の社会的責任（Corporate Social Responsibility）は，**CSR** ともいい，企業の経済的成長だけでなく，ステークホルダーからの社会や環境に関する社会的側面への要請に対して責任を果たすことが，企業価値の向上になるという考え方を表している．なお，社会的責任を果たすことが求められるのは，営利的な私企業だけでなく，非営利団体を含むあらゆる組織体であるという考え方から，単に**社会的責任**（Social Responsibility），**SC** といい，組織の決定や活動が社会や環境に及ぼす影響について，次のような透明で倫理的な行動によって組織が担う責任と定義される．

① 健康および社会の福祉を含む持続可能な発展に貢献する
② ステークホルダーの期待に配慮する
③ 関連する法令を遵守し，国際行動規範と整合している
④ 組織全体に一貫して統合され，その組織に関係するすべての活動で実践する

（1） 透明性

透明性（Transparency）とは，社会，経済，環境に影響する決定や活動が公開され，明確で，正確で，時宜よく，正直で，完全な方法で伝えることを意味している．

（2） 倫理的な行動

倫理的な行動（Ethical Behavior）とは，特定の状況下で，正しいまたは良いと一般に認められた原則にしたがう行動であり，国際行動規範との整合性が取れた行動を指している．

9·2·2 企業の発展と行動

1. 持続可能な発展

持続可能な発展（Sustainable Development）とは，将来の世代の人々がそれぞれのニーズを満たすことに危険がなく，現在のニーズに応える発展を意味している．持続可能な発展とは，質の高い生活，健康と繁栄という目標をもちつつ，社会的正義の下で地球上の多様な生命を維持していく統合によって実現しようとする考え方である．社会的，経済的，環境的な目標は，たがいに関係があり，相互に補完し合っているから，持続的発展は，社会全体のより広い期待を表していると考えられる．ステークホルダーとは，組織の決定や活動に利害関係をもつ人や団体を指している（**9·1**節参照）．

2. 国際行動規範

国際行動規範（International Norms of Behavior）とは，国際習慣法，一般的な国際法の原則，または普遍的に認められている政府間の合意から導かれる社会的に責任ある組織の行動に関する期待を意味し，国際習慣法などは主として国家を対象にしているが，あらゆる組織体も順守できる目標や原則であると考えられる．

3. グリーンIT

1992 年に米国環境保護庁は，急速に発達し，利用が拡大されてきた OA 機器の省エネルギーのための規格を制定した．この規格が元になって，OA 以外の機器へ範囲を広げたスタープログラムという環境ラベリング制度が開始された．国際的な環境保護活動が活発になる中で，多くの国々が参加するこの制度を，わが国では，1995 年にエネルギースター制度として採用した．さらに，わが国では，資源循環型社会を形成するために，2000 年に**国等による環境物品等の調達の推進等に関する法律（グリーン購入法）**が制定された．**グリーン購入**とは，製品やサービスを購入する際に，環境を考慮して，必要性をよく考え，環境への負荷ができるだけ少ないものを選んで購入することを指している．

近年の IT 機器の革新的な技術開発によって，環境負荷を軽減する活動が行われ，このような活動を**グリーン IT** と呼んでいる [2]．グリーン IT には，IT 機器などのグリーン化と IT 機器によるグリーン化の 2 つの面から，エネルギー消費量を削減し，地球温暖化に対策しようとする運動である．急速な情報化社会の進展によって，IT 機器やコンピュータシステムが消費する電力量は，2006 年に比べ 2025 年

は約5倍に急増するといわれている.

IT機器などのグリーン化とは,機器の消費電力を抑制し,冷却効率を向上させ,仮想化技術を活用してサーバの稼働率を抑制するなどの方策である.

IT機器によるグリーン化とは,照明のLED化,クリーンエネルギー自動車,自動車の燃費改善,センサと制御技術による建物内の電力利用の最適化,ICタグを利用した精緻なサプライチェーン管理,在宅勤務・テレワークなどによる環境負荷の低減,エネルギー消費量の可視化による省エネ管理の徹底などがある.

わが国では,2008年にグリーンIT推進協議会の主催による「グリーンITアワード」が創設され,省エネ技術の普及とグリーンITの進展に貢献している.

9·2·3　ガバナンスと事業継続計画
1.　コーポレートガバナンス

企業や組織体では,コンピュータシステムはもとより,各種のIT機器を活用することが,事業を推進するための基本となっている.組織に指示を与え,管理するシステムを**コーポレートガバナンス**(Corporate Governance)あるいは単に**ガバナンス**という.

ITガバナンス(Corporate Governance of IT)とは,組織が保有するITに関する現在と未来の利用方法を指示し,ITを管理するシステムである.ITガバナンスは,組織活動を支援するためのIT利用に関する評価,問題点の指摘,IT活用の計画と実績の管理を意味している.ITガバナンスを発揮することで,経営戦略の立案や経営方針はより現実的なものになると考えられる.

2.　事業継続計画

事業継続計画(Business Continuity Plan)とは,略して**BCP**ともいい,事業活動を進めていく過程で遭遇しうる事業の中断や阻害要因に対応して,速やかに事業を復旧し,再開し,既定のレベルに回復できるように組織をガイドする手順やその文書を指している.ICTを活用する企業活動においては,情報セキュリティに関する対策が不可欠であり,起こりうるリスクを事前に想定し,これに対処して,事業活動を復旧することは,その企業だけでなくステークホルダーにとってもきわめて重要な課題になっている.

事業活動を継続的に有効なものにするためには,重要度に応じて,業務を区分し,重要業務の継続を確実にするために,必要な資源を確保し,そのための活動が

即時に機能する体制を整備する事業継続計画が重要になる．インターネットに接続された機器は，つねに世界中のネットワークからの悪意ある攻撃にさらされていると考えられ，予期しないサーバの被害によって，事業活動の休止を余儀なくされるケースも，決してまれなことではなくなっている．現代では，このような情報セキュリティに関する企業側の対策も，当然のこととして求められている．

3. インベスターリレーションズ

インベスターリレーションズ（Investor Relations）とは，**IR**ともいい，企業の株券や債券などの証券が，公正な経済的価値として評価されることを最終的な目標として，企業と証券市場やその他のステークホルダーとの間で，最も効果的な双方的コミュニケーションを実現するために，財務活動，広報活動，マーケティング活動などとともに，証券関係法にしたがった種々のコンプライアンス活動を統合した戦略的な企業行動であり，端的にいえば，企業が株主や投資家に対して，投資判断に必要な企業情報を，タイムリーに，公平に，継続して提供する活動をいう．

インターネットの活用によって，開示が義務付けられている有価証券報告書などの制度的な情報開示だけでなく，最新の業績や企業活動の成果などの情報を積極的に開示する情報提供活動が活発になってきた．

9·3 経営戦略マネジメント

9·3·1 SWOT分析による経営戦略

経営戦略を立案するための有力な方法の1つに，**SWOT分析**がある．これは，ハーバードビジネススクールの講義で開発された手法で，企業やプロジェクトの経営戦略を定めるために，図**9·3**に示す4つのカテゴリーで要因を分析する方法である．

SWOT分析では，対象とする組織やプロジェクトを，その内部環境と外部環境に分ける．以下では，対象を企業として説明する．内部環境は，自社の**強み**（Strength）と自社の**弱み**（Weakness）に区分し，自社と他社との違いを明確にし，強みとして自社の長所や保有技術，他社と差別化できる優位点などと，弱みとしてそれらの逆をあきらかにする．外部環境は，自社が対象とする市場であり，その市場に成長の**機会**（Opportunity）があると考えられるか，それとも時代の流れ

		外部環境	
		O（Opportunity） 機会	**T**（Threat） 脅威
内部環境	**S**（Strength） 強み	① 積極的戦略	② 改善型戦略
	W（Weakness） 弱み	③ 差別化戦略	④ 防御型戦略

図9·3　SWOT分析

によって外部環境が変化し，他社の活発な動きや技術の進歩によって市場に**脅威**（Threat）があると考えられるかを区分する．これらのカテゴリーの組み合わせによって，以下の4つのパターンがある．

① 自社の強み×外部の機会：**積極的戦略**

この場合は，自社の特長を最大限に生かし，市場にチャンスがあると判断されるので，新製品や新サービスを開発し，主体的に市場に働きかける積極的な戦略が有効である．

② 自社の強み×外部の脅威：**改善型戦略**

この場合は，外部の脅威の内容を分析し，脅威と考える要因について，自社の特長を生かしながら自社に改善の余地があると考えることが重要になる．現実の場面では，このような状況はよく見られるケースであり，困難をいかに克服していくかが問われるケースである．この場合に有効な戦略は，自社がもつ長所となる技術や知識を再び整理し，さらに発展させる方策と，自社が得意でない分野や欠点を改善し，強化する方策の組み合わせである．

③ 自社の弱み×外部の機会：**差別化戦略**

この場合は，積極型戦略における自社の強みより，自社の弱みを重視する場合であり，有望な市場はあるが，それは自社にない技術や自社が得意としない分野になるケースである．自社の体質を改善して，新しい技術や知識を学び，自社を成長させる戦略と，自社にない技術や分野をもつ有力な他社に対してM&Aの戦略をとる2つの方策が考えられる．

前者の方策では，自社の優位点を強調し，他社との**差別化**を図ることを当面の戦略とし，自社の成長をうながす方策である．差別化とは，競合他社に対して自社の特長を確立するために，他社とは異なる意味のある違いを

明確にする活動を意味している．そのため，単なる他社との違いというだけでなく，より積極的に違いを強調し，また強調できるだけの優位な違いを形成することが望まれる．他方，後者の方策は，**合併**（Mergers）と**買収**（Acquisitions）を意味する **M&A** によって，自社の弱みを他社によって補完しようとする戦略である．

④ 自社の弱み×外部の脅威：**防御的戦略**

この場合は，自社の存続を図ることを考えなければならず，まず外部からの脅威の要因を分析し，その脅威要因を回避したり，克服する方策を最優先で検討することが重要になる．そのため，戦略としては，他社の動向や外部環境の変化に対して，防御的な戦略となる．しかし，外部からの脅威を分析し，その要因を分析できれば，これを問題解決の課題としてとらえることができ，自社の弱みを強みに変化させる動機にもなる．

SWOT 分析は，組織やプロジェクトが置かれている現状を客観的に把握することで，その戦略を効果的に定める手法となる．

9·3·2 コーポレートアイデンティティ

コーポレートアイデンティティ（Corporate Identity）とは，**CI** ともいわれ，企業の経済活動や経営理念，特色，CSR（**p.213** 参照）などを容易に認識させ，周知するために，言葉やデザインを中心としたシンボルによって，広く世間にその企業の独自性や存在価値を浸透させる企業戦略を指している．

CI を実施するためには，事業活動の現状と企業理念や経営理念を体系的に見直し，CSR に基づく理念も明確にする必要があり，企業の独自性や存在意義を企業自ら再確認して，再点検する必要がある．明確な CI を設定することにより，これを視覚的に表すシンボルマークやロゴデザインをあらゆるメディアに使用することで，競合他社との差別化が図られ，企業の独自性を強調することができる．CI の効果は，上記のほかに，企業理念を社内で共有し，活動方針に方向性を与えることにより，日常の業務活動の質を高める効果や，企業と顧客や社会とのコミュニケーションを強化する効果などがある．

CI の推進によって，コーポレートブランドという概念が生まれた．**コーポレートブランド**（Corporate Brand）とは，**CB**，**企業ブランド**ともいい，その企業やその企業グループに対して抱くイメージを印象づけるブランドであり，高く評価され

た企業のブランドほど無形の資産価値があると考えられている．無形資産の中でも CB は企業価値に大きく影響するといわれ，的確に他社と異なる優れた CB を確立できれば，CB によってその企業らしさを伝えることができる．CB は，企業名などその企業のすべての製品やサービスに展開するブランドであり，この CB の下位ブランドとして，製品シリーズに付けられる**ファミリーブランド**があり，さらにその下位に製品につけられる**製品ブランド**があり，通常はこの 3 つのブランドの区分がある．CB とファミリーブランドの中間的なブランドとして，**事業ブランド**を設定する場合もある．

ブランドアンブレラ戦略（Brand Umbrella Strategy）とは，製品ブランドにファミリーブランドやコーポレートブランドなどの上位の強力なブランドを冠して，下位のブランド力を補完して経営効率を上げる戦略手法を指し，**マスターブランド戦略**ともいう．この場合の上位のブランドは，**マスターブランド**，または**アンブレラ・ブランド**と呼ばれる．その対極的な戦略に，**マルチブランド戦略**（Multi-brand Strategy）があり，これは複数の製品ブランドやファミリーブランドなどを並列的にもつ戦略で，個別ブランド戦略とも呼ばれる．

9・4 │ マネジメントシステム

9・4・1 ISO マネジメントシステム

現代の多くの企業では，ISO 規格におけるマネジメントシステムの考え方を採用している．ISO（International Organization for Standardization）とは，国際標準化機構の略称で，物質およびサービスの国際交換を容易にし，知的，科学的，技術的および経済的活動分野において，国際間の協力を助言するために世界的に規格の審議制定の促進を図る目的で設立された．そのため国際規格である ISO 規格は，世界の国々でそれぞれの国家規格を定める際の国際標準を示しており，わが国の JIS 規格（日本産業規格）では ISO 規格も邦訳して取り入れている [3]．

近年の情報化と国際化には驚異的な進歩があり，市場のグローバル化，多様な要求に対する顧客への対応，新しいテクノロジーの出現，ますます複雑化するサプライチェーン，環境問題の深刻化など，人類が直面する重要課題が出現してきた．持続可能な発展に対して，マネジメントシステムの体系化は重要な課題である．その先駆として 2015 年に **ISO 9001 品質マネジメントシステム**が改訂され，その考え

方を基本として，ISO では，種々のマネジメントに関する国際標準が制定されている．ISO 9001 が改訂されたのは，次のような理由からである．

① 変化する世界に ISO 9001 を適応させる．
② 組織が置かれているますます複雑になる環境を ISO 9001 に反映する．
③ 将来に向けて一貫性のある基盤となる国際規格を提供する．
④ 新しい国際規格がすべての密接に関連する利害関係者のニーズに対して，確実に反映させる．

ISO のマネジメントシステム規格に共通した構造は，図 9·4 のように体系化されている．

① 適用範囲
② 引用規格
③ 用語および定義
④ 組織の状況
⑤ リーダーシップ
⑥ 計画
⑦ 支援
⑧ 運用
⑨ パフォーマンス評価
⑩ 改善

図 9·4 ISO マネジメントシステムの共通 10 項目

図 9·4 の共通項目のうち，適用範囲，引用規格，用語および定義の項目は，国際規格としての様式に一貫性をもたせるためである．

9·4·2 マネジメントシステムの考え方

ISO 規格で採用されたマネジメントシステムに共通する考え方は，図 9·5 のように図示される．

図 9·5 のマネジメントシステムでは，PDCA サイクルを回していくことによる管理が行われ，継続的改善を進めていく．以下に，それぞれの要素について説明しよう．

組織の状況とは，その組織の目標を定める活動から始まり，目標を達成するため

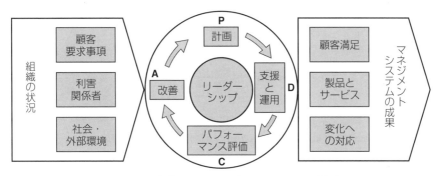

図9·5　ISO規格におけるマネジメントシステムの考え方

に行われる一連の活動に影響する組織内部の課題と組織を取り巻く外部環境からの課題を意味している．すなわち組織の状況を把握することは，その組織が取り組まなければならない課題を理解し，認識することである．

　組織の状況は，まず顧客からの要求事項を的確にとらえることから始まる．そのうえで，その組織の利害関係者（ステークホルダー）の期待に応え，社会環境や外部環境などの現代の課題を把握し，これらの現状認識を明確にする．

　これらの組織の状況に基づいて，最終的に**マネジメントシステムの成果**として期待されるものは，まず顧客満足であり，その顧客満足を獲得する手段としてその組織体が産み出す製品やサービスであり，これらを通じて，絶えず変化する状況に対応していく継続性が求められている．

　図9·5における組織の状況は，マネジメントシステムのインプットであり，そのアウトプットは，成果である．このような**I-Oモデル**（インプット–アウトプットモデル）のプロセスの中心には，**リーダーシップ**がある．組織の人々を積極的に参加させて同じ目標に向かってそれぞれの努力を集中するようにリーダーシップが発揮できれば，組織の目的は達成され，望ましい成果が得られることになるからである．

　マネジメントの基本は，**PDCAサイクル**を回していくこと，すなわちまず目標を達成するための**計画**（Plan）をたて，この計画を実行するための**支援と運用**（Do）を行い，実行した結果の**パフォーマンス評価**（Check）を行って，評価に基づいて**改善**（Act）を継続的に行うことによって，次の計画に結びつけていくことにある．

9·4·3 品質マネジメントの7原則

マネジメントシステムで重要となるの
は，マネジメントの原則を着実に実施し
ていくことである．**ISO 9000：2015**「品
質マネジメントシステム ― 基本および
用語」では，**品質マネジメントの原則**と
して図**9·6**の7原則を示し，この7原
則は ISO のすべてのマネジメントシス
テムにおいても基本的な考え方となって
いる．

図9·6　品質マネジメントの7原則

1. リーダーシップ

リーダーは，組織のあらゆる階層の人々がその職務内容にしたがって品質に関す
る責任をもっていることを自覚させることが必要である．そのためにはどのリー
ダーも人々の模範とならなければならない．組織の各階層で，共通の価値基準を明
確にし，公正で倫理的な模範をつくり，周知する．これによって，信頼と誠実な文
化を職場に育て，人々の貢献を褒め，認め合うことが大切である．また，リーダー
は，ステークホルダーに対して，約束した職務や目標を達成することに関する説明
責任を負うていることも忘れてはならない．

2. 顧客重視

顧客重視の考え方は，顧客の要求事項を満たすことと，顧客の期待を超える努力
をすることにある．顧客の要求事項とは，明示されている，通常暗黙のうちに了解
されている，または義務として要求されているニーズ，または期待を指している．
すなわち，顧客から直接的に表現されている要望だけでなく，声に現れない期待に
対しても応える必要があることに注意する必要がある．

3. 人々の積極的参加

マネジメントシステムでは，リーダーシップとともに，組織における全員の積極
的な参加と活動が求められている．これは，単にリーダーによるリーダーシップだ
けに頼るのでなく，各自がそれぞれのコンピテンシ（力量：**p.211** 参照）を高める
努力を行い，実行責任を負うという考え方である．

4. プロセスアプローチ

どの業務もインプット－アウトプットシステムの変換部分であるプロセスと考え，各プロセスはたがいに関連するプロセスと連携して，システムを構成しているものと理解し，マネジメントすることによって，矛盾のない予測可能な結果が効果的に達成できる．プロセスは経営資源（人間，機械・設備，材料，エネルギー，技術，情報，資金など）であるインプットをアウトプットに変換する活動であり，最終的なアウトプットは製品やサービスである．あるプロセスの結果（アウトプット）は別のプロセスのインプットになる関係にある．

5. 改善

改善（Improvement）とは，パフォーマンスを向上させるための活動であり，パフォーマンス（Performance）とは測定可能な結果を意味している．成功する組織は，絶えず改善を継続して積み重ねている．その意味で，改善とは**継続的改善**である．

改善は，組織が現在の水準を維持し，内外の環境変化に対応し，新しいチャンスを作っていくために不可欠な努力である．改善は，不適合や不具合の是正処置だけでなく，将来のニーズや期待に取り組むためにも行われる．

6. 客観的事実に基づく意思決定

客観的事実に基づく意思決定とは，望ましい結果を得るために，データや情報を客観的に分析し，評価することに基づいた意思決定を指している．意思決定は，複雑になりがちであり，つねに何らかの不確実性がつきまとう．主観的な意見や，相反するデータが情報に含まれているかもしれないので，因果関係や起こり得る意図しない結果を想定することが重要である．客観的事実やデータの分析は，意思決定の客観性と信頼性を高めることになる．

7. 関係性管理

関係性管理とは，組織が持続的に成功するために，供給元や供給先の業者のような密接に関連する利害関係者との関係を適切にマネジメントすることが重要である．密接に関連する利害関係者の協力度合いによって，組織のパフォーマンスは大きな影響を受ける．とくに，サプライチェーン・マネジメントの重要性が認識されるようになると，提供者やパートナとのネットワークにおける関係性管理は重要で

ある．そのためには，利害関係者の目標と価値観に関する共通理解をもち，資源や力量の共有，品質関連のリスクの管理を行い，利害関係者のために価値を創造することも必要になる．組織の目的と戦略的な方向性に照らして，外部と内部の課題を明確にすることが大切である．

9·4·4　サプライチェーンマネジメント

サプライチェーンマネジメント（Supply Chain Management）とは，**SCM**ともいい，資材供給から，生産，流通，販売にいたる物またはサービスの供給連鎖をネットワークで結び，販売情報，需要情報などを部門間または企業間でリアルタイムに共有することによって，経営業務全体のスピードと効率を高めながら顧客満足を実現する経営コンセプトである．

SCMの目標は，キャッシュフローマネジメントを実現するとともに，最新の情報技術，**制約理論**，APSというサプライチェーン計画などの管理技術を活用して，市場の変化に対してサプライチェーン全体を俊敏に対応させ，ダイナミックな環境のもとで，部門間や企業間の業務に関する全体最適化を図ることにある．

APS（Advanced Planning and Scheduling）とは，部品構成表と作業手順を用いてスケジューリングを行い，納期回答をするとともに，設備の使用日程と部品の手配を行う活動である．

サプライチェーンとは，図9·7のように，顧客 ⇔ 小売業者 ⇔ 物流業者 ⇔ 卸売業者 ⇔ 製品製造メーカ ⇔ 部品・資材メーカという供給活動の連鎖構造を意味している．このサプライチェーンの鎖と鎖の間に，情報の流れとモノの流れが存在している．

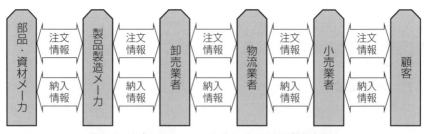

図9·7　サプライチェーンマネジメントにおける情報の流れ

SCMが機能しない場合は，各業者やメーカは，それ独自に隣接する業者と情報を交換するだけである．たとえば，小売業者は顧客への販売情報に基づいて，自社

の在庫状況を考慮して将来の需要予測を行い，卸売業者に商品の発注する．その際，小売業者の予測には誤差や情報の処理時間がかかる．卸売業者は，多数の小売業者に供給するため，小売業者からの個別情報をまとめて，需要予測を行う．多数の小売業者からの注文情報には誤差が含まれ，卸売業者の需要予測にも誤差が含まれるため，卸売業者の予測結果の誤差は，増幅することになり，また情報処理の時間もかかる．卸売業者は，自社の在庫状況を考慮して，製品製造メーカへの発注量を決定する．製品製造メーカは，複数の販売チャネルをもっているので，卸売業者などの取引先からの注文情報と自社の生産状況や在庫状況，さらに部品・資材メーカからの購買状況を考慮して，生産量を決定して生産計画を立案する．

製品製造メーカにおいても，誤差の含まれた注文情報と自社の生産情報や部品・資材メーカの情報などから生産予測を行うので，その予測誤差によって，最終顧客の真の需要量に対して実際の生産量は，何重にも増幅された誤差が含まれることになる．需要動向は時間とともに変化するのが一般的であるから，種々の段階でかかる情報処理の時間によるタイムラグも，実需要と予測量のズレを生じさせる原因になる．さらに，部品・資材メーカでの生産予測には，そのズレは，より大きなものとなる．このように，最終顧客から原材料供給者までのサプライチェーンをさかのぼって見ていくと，このような需要変動の増幅現象は，牛のしっぽの揺れのように，根本は小さな振幅でも先端に行くほど大きな振幅になるため，**ブルウィップ効果**（Bullwhip Effect）と呼ばれている．

このようなブルウィップ効果による変動を抑えるためには，最終顧客の需要情報や各段階で生じる真の情報をサプラチェーンの全体でリアルタイムに情報共有していくことが重要になる．一般に，企業が，SCM を導入して，需要に対する供給の全体最適化を図るためには，以下の4点が重要になる．

① **モノの流れの適切な管理**　モノの流れの管理では，在庫量を削減し，供給までの時間を短くすることが目的となるので，生産における **JIT**（Just In Time）やコンビニエンスストアへの多頻度納品に見られるように，必要なモノを，必要な時に，必要な量だけ，必要な場所に提供する販売・生産・物流の体制を各段階の企業が確立し，それらの企業が緊密に連携することが必要になる．

② **情報の流れの適切な管理**　モノを制御するのは，情報の流れである．SCMにおける情報の流れで重要なことは，供給する製品やサービスの需要予測で

ある．生産計画や販売計画などすべての計画は，需要予測をもとに立案される．モノの流れが一方向の流れであるの対し，情報の流れは双方向に流れるように，情報共有すること，そしてその流れはリアルタイムであることがきわめて重要になる．

③ **全体最適化の目標**　SCM では，サプライチェーンにかかわる企業群は，全体最適化を図る必要がある．参加企業の一部でも，自社の最適化だけを考えると，部分的最適化となり，全体最適化は実現できない．サプライチェーンのどこかにモノの流れや情報の流れを停滞させる**ボトルネック**があると，全体のパフォーマンスは低下してしまう．したがって，サプライチェーンに参加するすべての企業は，つねに全体最適化を意識し，全体を通じたモノの流れと情報の流れがスムーズになるようにマネジメントする必要がある．

④ **顧客の視点からの発想**　SCM が機能する鍵は，顧客にとって価値のある製品やサービスが供給されているかにある．SCM を構築して，各段階のむだな在庫や生産が効率化したとしても，顧客のニーズを満たす製品やサービスが提供され，顧客満足度が高くなければ，経営上の成功は得られない．顧客満足を基本原則とするマネジメントは，SCM を機能させるための前提となる．

9・4・5　キャッシュフローマネジメントと財務3表

キャッシュフロー（Cash flow）とは，現金の収入と支出の流れをとらえることであり，企業の業績は，期間会計利益だけでなくキャッシュフローを見ないと活動の成果が詳細にはわからない．サプライチェーンマネジメントでは，生産設備や労働などの経営資源の能力の活用が重要になり，現実の能力をベースにしたマネジメントが，全体を最適化してキャッシュフローを上げるメカニズムとなる．

資金が多く投入されているのは，一般に原材料，仕掛品，製品などの棚卸資産と，売掛金，受取手形などの売上債権である．これらの効率化とコスト削減が，最も資金繰りの改善に効果がある．**キャッシュフローマネジメント**（Cash Flow Management）とは，資金の収入と支出の時期と金額の流れの管理と，その管理によって生産や販売の改善を図ることを意味している．

1. キャッシュフロー計算書

キャッシュフロー計算書（C/F，Cash Flow statement）は，会計期間における現金と，3か月以内の定期預金や譲渡性預金などの現金と同等なものの増減をまと

めた**財務3表**の一つであり，これによって会計上の経営状態や，資金の流れと増減がわかる．

キャッシュフロー計算書では，表**9·1**のように営業，投資，財務の3つの区分からキャッシュフローを把握する．それぞれの区分には，種々の項目があるが，現金を増加させるプラス項目と，現金を減少させるマイナス項目があり，それらを会計年度について集計する．**営業C/F**は，主に本業によって発生する資金の動きがとらえられる．**投資C/F**では，土地や建物などの固定資産や株式などの有価証券の取得や売却による資金の増減額が記載される．**財務C/F**は，資金の調達と返済による資金の流れがあきらかになる．

表9·1　キャッシュフロー計算書の基本構造

	プラス項目	マイナス項目
営業C/F	減価償却費	法人税の支払額
	棚卸資産の減少額	棚卸資産の増加額
	…	…
投資C/F	固定資産の減少額	固定資産の増加額
	有価証券の売却損	有価証券の売却益
	…	…
財務C/F	短期借入金の増加額	短期借入金の返済支出
	株式発行の収入	配当金の支払額
	…	…
会計期間中の現金および現金同等物の増減額		

2. 損益計算書

財務3表のうちの**損益計算書**（P/L，Profit and Loss statement）は，会計期間内の収益と費用の状態をあきらかにした表で，収益と費用の差である利益がわかり，収益と費用の構成内容から，経営成績を見ることができる．

図**9·8**は，損益計算書に表される科目の構成を表している．**収益**は，本業の成績である**売上高**に，本業でない**営業外収益**を加えたものである．**原価**は，**売上原価**，**販売費**，**一般管理費**の3つの費用から構成され，原価を売上高から引いた残りは，本業で稼いだ**営業利益**になる．

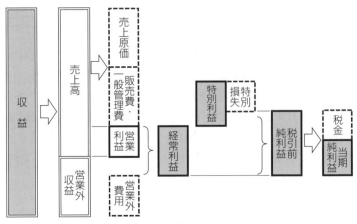

図9·8 損益計算書の主な科目

　一般に企業活動では，本業以外にも収入や支出が生じるので，**営業外収益**から**営業外費用**を差し引くと，営業外の利益が求められる．この営業外の利益に，本業の成果である営業利益を加えたものを，**経常利益**と呼んでいる．

　さらに，その会計期間中だけに特別に生じた事態，たとえば災害損失，臨時的に生じた資産売却，人員整理，株式の売却利益などの特別な損益項目である**特別利益**と**特別損失**の差である特別な利益に，経常利益に加えた利益が，税金の対象となる**税引前純利益**である．税引前純利益から，法人税，住民税，事業税などの税金を引いた残りが，**純利益**である．

3. 貸借対照表

　貸借対照表（B/S，Balance Sheet）とは，決算日の時点でその企業に帰属する**資産**とその企業が負っている**負債**，そしてその差額としての**純資産**を一覧表示した報告書であり，企業の財政状態を表す財務諸表のうちの一つである．

　表9·2のように，貸借対照表は左右2列の**複式簿記**の形式であり，資産の部には，現金化しやすい**流動資産**，すぐに現金化できない**固定資産**，支出の効果が1年以上におよび長期的な収益が見込まれる**繰延資産**から構成される．負債の部は，

表9·2 貸借対照表の基本構造

資産の部	負債の部
流動資産 固定資産	流動負債 固定負債
	純資産の部
繰延資産	株主資本 株主資本以外の科目
合計	合計

1 年以内に支払う短期的な債務である**流動負債**と，1 年以上の長期的な債務である**固定負債**から構成される．**純資産**とは，企業自体が保有する**自己資本**のことで，株主が出資した**株主資本**と利益の剰余金などの株主資本以外の資産で構成される．

　全体として，資産の合計は，負債と純資産の合計に一致する．

9·5 　情報セキュリティ管理策

9·5·1　情報セキュリティリスクに対する考え方

　企業や組織体が，**JIS Q 27001** の情報セキュリティマネジメントシステム（ISMS）に基づく活動を行う場合に，管理策を選定する参考として **JIS Q 27002**：「情報技術－セキュリティ技術－情報セキュリティ管理策の実践のための規範」という JIS 規格が定められている．ここでは，その主な管理策について解説する．

　規模の大小を問わず企業や組織体では，電子的な形式，物理的な形式，会話やプレゼンテーションという口頭などの種々の形式で，情報を収集し，処理し，保存し，送信している．情報には，書かれた言葉，数字，画像などには，それ自体がもつ価値以上の価値がありうる．知識，概念，アイディア，ブランドなどの情報は，その例である．インターネットによって世界がつながった現代では，情報は，人，物，金，時間，知的財産とともに 6 つ目の重要な経営資源に数えられ，事業活動において高い価値をもつ資産と考えられている．そのような情報をさまざまなリスクから保護することは，不可欠な仕事と認識されている．

　どの経営資源に対しても，外部からの意図的な脅威や偶発的な危険に防御することは必須の配慮であるが，とくに情報については，日常の各種の業務や組織体の仕組み，インターネットを含む情報システム，さらに部内の担当者など組織体の内部にあるぜい弱性による被害を考慮する必要がある．しかも，事業の進展によって，あるいは新しい法令や規制の改正や他社や業界の進歩などの外部環境の変化によって，新たなリスクが次々に発生することにも対応していかなければならない．情報は，他の経営資源と比べて，新しい脅威の発生頻度も発生源の多様性も，また組織に害を及ぼす方法の多さもきわめて膨大であるから，情報セキュリティリスクには，絶えず警戒しておかなければならない．

　有効な**情報セキュリティ管理策**を講じることで，外部の脅威や内部のぜい弱性から組織体を保護することが可能になり，その結果，リスクを軽減し，ひいては組織

体がもつ資産を守ることになる．すなわち，組織の事業を推進していくためには，その事業活動とともに，広範囲の情報セキュリティ管理策に取り組んでいくことが現代社会では当然の活動になっている．

　情報セキュリティ管理策については，以下に述べるように情報セキュリティのための種々の側面について，目的とその目的を達成するための管理策を解説する．

9·5·2　方針に関する情報セキュリティ管理策

情報セキュリティ方針の管理には，以下の方策がとられる．

① **目的**　情報セキュリティのための経営陣の方針は，事業の要求事項に基づくもので，関連する法令や規制に準拠していることを公表するため．
② **管理策**　情報セキュリティ方針を定義し，管理層が承認し，従業員および関係する外部関係者に周知する方策．
③ **補足説明**　情報セキュリティ方針には，ⓐ情報セキュリティの定義・目的・原則，ⓑ責任の範囲と担当部署，ⓒ例外事項を扱う業務担当を明記することが望ましい．大規模な組織では，1つにまとめられた方針で表すケースと，事業別または部門別のような区分ごとに方針を定め，それらの方針の集合体とするケースがある．方針文書は，「規則」や「標準」などの用語で表されるのが一般的である．情報セキュリティ方針は，定期的に，または重大な変化が生じた場合にレビューを行い，その有効性を維持していくことが大事である．

9·5·3　組織に関する情報セキュリティ管理策

情報セキュリティ組織の管理には，以下の方策がとられる．

① **目的**　組織内で情報セキュリティの実施と運用を確実に行い，情報セキュリティ管理を確立するため．
② **管理策**　すべての情報セキュリティについて，担当部署とその責任を決定し，割当てる方策．
③ **補足説明**　情報セキュリティ業務の実施に関する責任とともに，個々の資産の保護に関する責任を決めておくことが望ましい．情報セキュリティについては，リスク対応を行う責任とともに，とくにリスク対応を行った後に残さ

れた残留リスクを受容する責任も明確にしておくことが求められている.

9·5·4　モバイル機器に関する情報セキュリティ管理策

容易に持ち運びできるモバイル機器に関する情報セキュリティの管理には, 以下の方策がとられる.

① **目的**　モバイル機器に関するセキュリティを確実にするため.
② **管理策**　方針を明確にし, その方針を実現するためにモバイル機器の特性に応じた具体的なセキュリティ対策を立案し, モバイル機器を利用することによって生じるリスクを管理する施策.
③ **補足説明**　モバイル機器に関するセキュリティ方針では, 以下の事項について検討する.
　　ⓐ　モバイル機器の登録
　　ⓑ　物理的な保護をするための要求事項の明確化
　　ⓒ　ソフトウェアのインストールに関する制限
　　ⓓ　ソフトウェアのバージョンアップに関するルールの設定
　　ⓔ　インターネットによる情報サービスへのアクセスの制限
　　ⓕ　アクセス制御の設定
　　ⓖ　暗号技術の利用
　　ⓗ　マルウェアに対する対策
　　ⓘ　データ消去やデータ管理に関するリモート操作の無効化
　　ⓙ　バックアップのルールの設定
　　ⓚ　Web サービスや Web アプリケーションの利用に関する制限

上記の事項のほかに, モバイル機器のセキュリティでは, 次の 2 点についても考慮する必要がある.

① モバイル機器の私的利用と業務上の使用とを区別する.
② エンドユーザ合意書に署名した利用者だけが, 業務情報にアクセスできるようにする.

エンドユーザ合意書には, (物理的な保護, ソフトウェアの更新などに関する)

利用者の義務，利用者は業務データの所有権がないこと，モバイル機器の盗難や紛失があった場合に，組織が遠隔操作でデータを消去することへの合意などであり，その際，プライバシー保護に関する法令についても配慮する．

　上記のモバイル機器に関する管理策は，テレワーキングに関するセキュリティ対策に応用することも可能である．**テレワーキング**（Teleworking）とは，**遠隔勤務**，または**リモートワーク**（Remote work）とも呼ばれ，コンピュータやインターネットなどの通信回線を利用して，勤務先のオフィス以外の自宅，サテライトオフィスなどの場所で仕事をすることである．テレワーキングの１つ形態に，**在宅勤務**（WFH：Work From Home）があり，組織に雇用されながらオフィスに出勤しないで自宅で業務を行う勤務形態である．

9章 | 練習問題

問題9·1 プロジェクトと定常業務との違いを説明しなさい.

問題9·2 プロジェクトマネジメントの考え方を説明しなさい.

問題9·3 プロジェクトマネージャの役割を説明しなさい.

問題9·4 プロジェクトフェーズとは何かを示しなさい.

問題9·5 プロジェクトマネジメントにおける変更の管理とは何か説明しなさい.

問題9·6 企業の社会的責任とは何かを説明しなさい.

問題9·7 持続可能な発展とは何かを説明しなさい.

問題9·8 国際行動規範とは何かを説明しなさい.

問題9·9 グリーンIT とは何かを説明しなさい.

問題9·10 コーポレートガバナンスを説明しなさい.

問題9·11 事業継続計画とは何かを説明しなさい.

問題9·12 インベスターリレーションズとは何かを説明しなさい.

問題9·13 SWOT 分析とは何かを説明しなさい.

問題9·14 コーポレートアイデンティティとは何かを説明しなさい.

問題9·15 コーポレートブランドとは何かを説明しなさい.

問題9·16 製品ブランドとファミリーブランドの違いを説明しなさい.

問題9·17 ブランドアンブレラ戦略とは何かを説明しなさい.

問題9·18 マルチブランド戦略とは何かを説明しなさい.

問題9·19 マネジメントシステムをI–O モデルで表したときのインプットとは何かを説明しなさい.

問題9·20 マネジメントシステムをI–O モデルで表したときのアウトプットとは何かを説明しなさい.

問題9·21 マネジメントシステムをI–O モデルで表したときのプロセスとは何かを説明しなさい.

問題9·22 品質マネジメントの7原則とは何かを説明しなさい.

問題9·23 サプライチェーンマネジメントとは何かを説明しなさい.

問題9·24 キャッシュフローマネジメントとは何かを説明しなさい.

問題9·25 損益計算書とは何かを説明しなさい.

問題9·26 テレワーキングとは何かを説明しなさい.

付録

情報量の大きさ

付表 A は，情報量の大きさについて，アメリカ研究者の Roy Williams によっておよそ 10 数年前にまとめられたもの [1] であり，一部追記して引用する．その出典は，次の [1] であるが，その基礎と思われる資料 [2] を示す．

[1]　https://cs.calvin.edu/courses/is/341/private/powers.html
[2]　http://groups.ischool.berkeley.edu/archive/how-much-info/how-much-info.pdf

付表 A に示された情報量は，現在では大きさに若干の変化がありうるが，相対的な傾向を知るための参考になると考えられる．

付表 A　情報のバイト量

バイト (8 ビット) Bytes (8 bits)	
0.1 B	二択
1 B	1 文字
10 B	1 単語
100 B	1 通の電報，または 1 枚のパンチカード

（次ページにつづく）

キロバイト （1,000 バイト＝ 10^3 バイト）
Kilobyte（1000 bytes）

1 KB	とても短い物語
2 KB	タイプライターで打った 1 ページ
10 KB	百科事典 1 ページ，またはパンチカード 1 束
20 KB	静的な Web ページ
50 KB	圧縮文書の画像の 1 ページ
100 KB	低解像度の写真 1 枚
200 KB	パンチカード 1 箱
500 KB	とても重いパンチカード 1 箱

メガバイト （1,000,000 バイト＝ 10^6 バイト）
Megabyte（1,000,000 bytes or 10^6 bytes）

1 MB	短い小説，または 3.5 インチフロッピーディスク 1 枚
2 MB	高解像度の写真 1 枚
5 MB	シェークスピア全集，またはテレビ画質のビデオ 30 秒間
10 MB	HiFi サウンドの 1 分間，またはデジタルの胸部 X 線写真 1 枚
20 MB	フロッピーディスク 1 箱
50 MB	デジタルの乳房 X 線写真 1 枚
100 MB	本棚 1 m 分の本，または百科事典 2 巻
200 MB	9-トラックテープ 1 本，または IBM 3480 カートリッジテープ 1 本
500 MB	CD−ROM1 枚，またはパソコン 1 台のハードディスク（**注**：現在では，1 TB 以上のハードディスクも発売されている）

ギガバイト （1,000,000,000 バイト＝ 10^9 バイト）
Gigabyte（1,000,000,000 bytes）

1 GB	小型トラック 1 台分の書類，または HiFi サウンドの交響曲 1 曲
2 GB	本棚 20 m 分の本，または 9-トラックテープ 10 本
5 GB	8 mm エキサバイトテープ（注：市販されている DVD の多くは，約 4.7 GB のディスクに記録されている．また，地球の人口は，現在，およそ 68 億人であるから，6.8 GB である．地球の人口時計は，次の URL にある．http://www.ibiblio.org/lunarbin/worldpop）
20 GB	一般的なベートーベン作品集，またはエキサバイトテープ 5 本，またはデジタルデータを記録した VHS テープ 1 本
50 GB	1 フロア分の本，または 9-トラックテープ数百本
100 GB	学術雑誌 1 フロア分，または大きめの ID-1 デジタルテープ 1 本
200 GB	エキサバイトテープ 50 本
500 GB	最大の FTP サイト

（次ページにつづく）

テラバイト (1,000,000,000,000 バイト = 10^{12} バイト) Terabyte (1,000,000,000,000 bytes)	
1 TB	自動テープロボット1台，または先進医療設備をもつ大病院にあるX線フィルム全部，または5000本の木から作られ印刷された書類，または地球観測システムEOSのデータ1日分
2 TB	学術研究図書館1つ，またはエキサバイトテープのキャビネット1つ分
50 TB	大規模ストレージシステムの容量
400 TB	米国国立気象データセンター NOAA のデータベース

ペタバイト (1,000,000,000,000,000 バイト = 10^{15} バイト) Petabyte (1,000,000,000,000,000 bytes)	
1 PB	地球観測システム EOS のデータ3年分 (2001)
2 PB	全米の学術研究機関の図書館
8 PB	Web 上で得られる全情報
20 PB	1995 年に製造されたハードディスクドライブの総容量
200 PB	全印刷物，または 1995 年に製造されたデジタル磁気テープの総容量

エキサバイト (1,000,000,000,000,000,000 バイト = 10^{18} バイト) Exabyte (1,000,000,000,000,000,000 bytes)	
2 EB	1 年間に全世界で生み出される情報の総量
5 EB	人類がこれまでに話した全単語

〔注〕 簡単のため，上記では，1,000 倍単位で表示している

参考文献

1 章

[1] JIS X0001 情報処理用語－基本用語, 1994. その他, 情報処理に関する JIS 規格
[2] D. A. Patterson, J. L. Hennessy 著, 成田光彰訳, コンピュータの構成と設計 第 5 版, 上巻, 下巻, 2014, 日経 BP 社
[3] D. A. Patterson, J. L. Hennessy 著, 成田光彰訳, コンピュータの構成と設計 第 3 版, 別冊, 歴史展望, 2007, 日経 BP 社
[4] https://cs.calvin.edu/courses/is/341/private/powers.html
[5] 総務省, 情報通信白書令和元年版および各年度版, https://www.soumu.go.jp/ johotsusintokei/whitepaper/index.html

2 章, 3 章

[1] 稲垣耕作, 理工系のコンピュータ基礎学, 2006, コロナ社.
[2] 安井浩之, 木村誠聡, 辻裕之, 基本を学ぶコンピュータ概論, 2011, オーム社.
[3] 清水忠昭, 菅田一博, 新・コンピュータ解体新書 [第 2 版], 2017, サイエンス社
[4] 伊東俊彦, 情報科学基礎 — コンピュータとネットワークの基本 —, 2015, ムイスリ出版
[5] 平澤茂一, コンピュータ工学, 2001, 培風館
[6] 伊東俊彦, 情報科学入門, 2007, ムイスリ出版
[7] 大堀淳, 計算機システム概論 — 基礎から学ぶコンピュータの原理と OS の構造 —, 2010, サイエンス社

6 章

[1] 稲垣耕作, 理工系のコンピュータ基礎学, 2006, コロナ社.
[2] 中嶋正之, グラフィックスとビジョン — ディジタル映像処理 —, 1996, オーム社
[3] C.M. ビショップ著, 元田浩, 栗田多喜夫, 樋口知之, 松本祐治, 村田昇監訳, パターン認識と機械学習 (上) (下), 2012, 丸善出版

〔4〕 後藤正幸, 小林学, 入門 パターン認識と機械学習, 2014, コロナ社

〔5〕 横井茂樹, ビジョンとグラフィックス, 1995, 培風館

〔6〕 魏 大名, 先田和弘, Roman Durikovic, 向井信彦, Carl Vilbrandt, IT Text コンピュータグラフィックス, 2003, オーム社

7章

〔1〕 田村慶信, 山田茂, 木村光宏, 分散開発環境におけるニューラルネットワークに基づくソフトウェア信頼性評価法, 電子情報通信学会論文誌, Vol. J85-A, No. 11, pp. 1236 – 1243, 2002.

〔2〕 総務省, 平成 28 年版情報通信白書, https://www.soumu.go.jp/johotsusintokei/whitepaper/index.html

〔3〕 井上智洋, 人工知能と経済の未来 2030 年雇用大崩壊, 文春新書, 文藝春秋, 2016

〔4〕 田原総一郎, AI で私の仕事はなくなりますか?, 講談社新書, 講談社, 2018

9章

〔1〕 JIS Q21500 プロジェクトマネジメントの手引き, 2018.

〔2〕 国立環境研究所, 環境展望台の Web ページ, http://tenbou.nies.go.jp/science/description/detail.php?id = 101

〔3〕 JIS Q9000 品質マネジメントシステム—基本および用語, 2015

〔4〕 情報処理推進機構セキュリティセンター:情報セキュリティ 10 大脅威, 情報処理推進機構, 2016

〔5〕 日本規格協会編:JIS ハンドブック情報セキュリティ・LAN・バーコード・RFID, 日本規格協会, 2016

練習問題略解

1章　コンピュータの原理

問題1·1　1·1·1節「計算器とコンピュータ」参照.

問題1·2　1·1·2節「情報技術の基本用語」参照.

問題1·3　1·1·2節「情報技術の基本用語」参照.

問題1·4　解答の一例としてアルゴリズムの手順とそのフローチャートを示す.

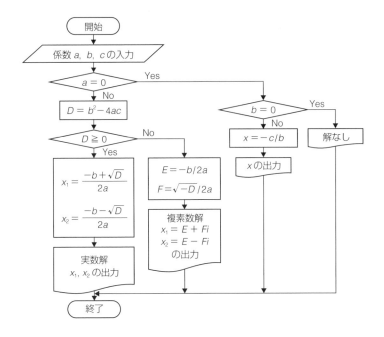

手順1：2次方程式を次のように定義し，係数 a, b, c を入力する.

$$ax^2 + bx + c = 0$$

手順2：$a = 0$ ならば，手順6へいき，その他の場合は次の手順にいく.

手順3：$D = b^2 - 4ac$ を計算する．

手順4：$D \geqq 0$ でないならば，手順 **9** へいき，その他の場合は次の手順にいく．

手順5：2次方程式の根の公式から，実数解を計算し，出力し，終了する．

手順6：$b = 0$ ならば，手順 **8** へいき，その他の場合は次の手順にいく．

手順7：1次方程式，$bx + c = 0$ の解を計算し，出力し，終了する．

手順8：解なしと出力し，終了する．

手順9：求める根は複素数であるから，次の式を計算する．

$$E = -b/2a$$
$$F = \sqrt{-D}/2a$$

手順10：複素数解

$$x_1 = E + F_i$$
$$x_2 = E - F_i$$

を出力し，終了する．

問題1·5　1·2·2節「データの表現」参照．

問題1·6　1·2·4節「ハードウェアとソフトウェア」参照．

問題1·7　1·2·4節「ハードウェアとソフトウェア」参照．

問題1·8　1·2·5節「コンピュータの種類」参照．

問題1·9　1·3·1節「1970年代のコンピュータ」参照．

問題1·10　1·3·1節「1970年代のコンピュータ」参照．

問題1·11　1·3·1節「1970年代のコンピュータ」参照．

問題1·12　1·3·3節「直感的に使い易いパーソナルコンピュータ」参照．

問題1·13　1·3·3節「直感的に使い易いパーソナルコンピュータ」参照．

問題1·14　1·4·2節「ユビキタスコンピューティング」参照．

問題1·15　1·4·3節「スマートスピーカー」参照．

問題1·16　1·4·3節「スマートスピーカー」参照．

問題1·17　1·4·4節「タブレットPCとウェアラブルコンピュータ」参照．

問題1·18　1·4·4節「タブレットPCとウェアラブルコンピュータ」参照．

問題1·19　第1章「コンピュータの原理」参照．

問題1·20　1·5·1節「コンピュータの5大装置」参照．

問題1·21　1·6·6節「ビッグデータ」参照．

問題1·22　1·6·7節「IoT」参照．

問題1·23　1·6·8節「人工知能」参照．

問題1·24　1·6·8節「人工知能」参照．

問題1·25　第1章「コンピュータの原理」参照．

2 章　情報の基礎理論

問題 2·1　$(00101010)_2$,　$(222)_4$,　$(52)_8$,　$(2A)_{16}$

問題 2·2　$(11001010)_2$ の 1 の補数は $(00110101)_2$, 2 の補数は $(00110110)_2$ であり，10 進数にすると $(54)_{10}$ である．したがって，$(11001010)_2$ を 10 進数にすると $(-54)_{10}$ となる．

問題 2·3　BS（Back Space）

問題 2·4　$(+1) \times (1.1)_2 \times 10^{(126-127)} = (1.1)_2 \times 10^{-1} = -(0.11)_2 \times 10^0 = (0.75)_{10}$

問題 2·5　$-(1/4) \times \log_2(1/4) - (1/2) \times \log_2(1/2) - (1/4) \times \log_2(1/4)$
$$= (1/2) \times \log_2(2)^2 + (1/2) \times \log_2(2) = 1.5 \text{（ビット）}$$

問題 2·6　$XAB + CD - \star =$

問題 2·7　$Y = A/B - C\star D$

問題 2·8　[hbc]at

問題 2·9　p[as|en]sion

問題 2·10　pre$\star$

3 章　ハードウェア構成

問題 3·1　$\overline{\overline{\{A \cdot \overline{(A \cdot B)}\}} \cdot \overline{\{B \cdot \overline{(A \cdot B)}\}}} = \overline{\overline{\{A \cdot \overline{(A \cdot B)}\}}} + \overline{\overline{\{B \cdot \overline{(A \cdot B)}\}}}$
$$= \{A \cdot \overline{(A \cdot B)}\} + \{B \cdot \overline{(A \cdot B)}\} = \{A \cdot (\overline{A} + \overline{B})\} + \{B \cdot (\overline{A} + \overline{B})\}$$
$$= A \cdot \overline{A} + A \cdot \overline{B} + B \cdot \overline{A} + B \cdot \overline{B} = A \cdot \overline{B} + B \cdot \overline{A} = A \oplus B$$

問題 3·2　NAND 回路（左）と NOR 回路（右）

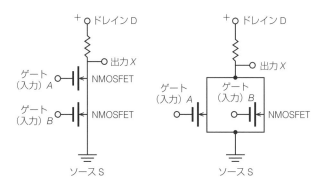

問題 3·3 NAND 回路（左）と NOR 回路（右）

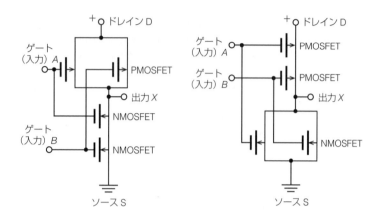

問題 3·4 （a）の論理式は $S = A \oplus B$, $C = A \cdot B$ で，（b）の論理式は $S = (A+B) \cdot \overline{A \cdot B}$，$C = A \cdot B$ であるから，（b）の S を変形して（a）の S となることを示す.

$$S = (A+B) \cdot \overline{A \cdot B} = (A+B) \cdot (\overline{A} + \overline{B}) = A \cdot \overline{A} + A \cdot \overline{B} + B \cdot \overline{A} + B \cdot \overline{B}$$
$$= A \cdot \overline{B} + B \cdot \overline{A} = A \oplus B$$

問題 3·5

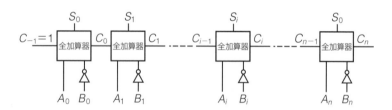

問題 3·6 主記憶は CPU が行う計算処理などの結果を記憶する必要があるため，つねに書き換えが必要である．したがって，ROM ではなく RAM が使用される．また，大容量の記憶を低コストで実現するために SRAM ではなく DRAM が使用される.

問題 3·7 キャッシュメモリは CPU と主記憶の間に入って，CPU の高速処理に応じる必要がある．したがって，高速アクセス可能な SRAM が使用される.

4章　ソフトウェア構成

問題4·1　4·2節で紹介したフローチャートの概略にしたがって記述すればよい．以下に，ごく簡単な一例を示す．

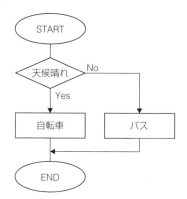

問題4·2　① 目的の本を選ぶ

② 図書館カードを準備する

③ 窓口でカード情報を読み込む

④ 借りる書籍情報をカード情報へ結びつける

⑤ 本を貸し出す

上記のような手順とデータの流れを作成すればよい．

問題4·3　問題に記載されたコードを，拡張子を html としたファイルへ記載・保存し，そのファイルをブラウザで開けばよい．

問題4·4　バブルソートのほうが選択ソートよりも高速である．

問題4·5　**Web ブラウザ**　Firefox（マルチプラットフォーム），Chrome（マルチプラットフォーム），Opera（マルチプラットフォーム）

ワードプロセッサ　Microsoft Word（Windows，macOS），Libre Office Writer（マルチプラットフォーム），OpenOffice Wirter（マルチプラットフォーム）

メーラ（メールソフト）　Thunderbird（マルチプラットフォーム），Microsoft Outlook（Windows，macOS）

表計算ソフト　Microsoft Excel（Windows，macOS），Libre Office Calc（マルチプラットフォーム），OpenOffice Calc（マルチプラットフォーム）

メディアプレイヤー　VLC media player（マルチプラットフォーム），Windows Media Player（Windows），QuickTime Player（Windows，macOS）

テキストエディタ　Atom（マルチプラットフォーム），Visual Studio Code（マルチプラットフォーム）

5章　コンピュータシステムと情報セキュリティ

問題5・1　①　大規模システム：銀行のオンラインシステム，座席予約システム

②　中規模システム：ある組織内における予算システムや給与管理システム

③　小規模システム：個人のサーバシステム

問題5・2　Input：口座番号，口座名義，引出金額，預入金額など．

Output：出力明細情報，現金など．

問題5・3　SELECT * FROM shohin master

問題5・4　https://www.jnsa.org/ および https://www.ipa.go.jp/ を参照されたい．

問題5・5　略解なし

問題5・6　5・3・1項「情報セキュリティに関する用語の定義」参照．

問題5・7　5・4・1項「情報セキュリティマネジメントの例」参照．

問題5・8　5・4・2項「情報セキュリティマネジメントの実践」参照．

6章　知識情報処理

問題6・1

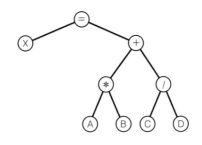

問題6・2　先攻が有利で最初に取るマッチ棒の数は1本である．最初に5本から1本を取ると残りは4本になり，相手は1本か2本しか取れないから，3本か2本が残る．したがって，3本が残ったときは2本，2本が残ったときは1本を取れば必ず相手が最後の1本を取ることになる．

問題6・3　郵便番号の自動識別など．

問題6・4　顔認証，指紋認証，虹彩認証など．

問題6・5　抽出された物体の色や形，あるいは画像全体の周波数など．

7章　人工知能

問題7・1　ディープラーニングでは，特徴量を自動で抽出できる点，中間層が2層以上存在する点などが特徴として挙げられる．こうした内容が表として記載されていればよい．

問題**7·2** 7·3 節「ディープラーニング」参照.

問題**7·3** 7·4 節「特徴量とハイパーパラメータ」参照.

問題**7·4** 主に，数値データを扱うことが得意なツール，画像データを扱うことが得意なツールなど，ツールに応じて扱いやすいデータが存在している．また，ハイパーパラメータや構造のカスタマイズ性が高い，さらには OS や他のアプリケーションとの連携の容易さなどの違いがあるため，こうした観点から記載すればよい.

問題**7·5** 分類とは，なんらかの選択肢から 1 つの正解を選択する問題のことを意味する．回帰問題とは，目的変数に数値データを割り当てるような問題である.

問題**7·6** たとえば，正か負かを予測するケースにおいて，正答率は全予測の正答率を表し，適合率は正に対する正答率を意味する.

問題**7·7** 7·8·2 項「人工知能による機能領域」参照.

問題**7·8** 7·8·3 項「人工知能の活用」参照.

問題**7·9** 7·8·5 項「特化型人工知能と汎用型人工知能」参照.

問題**7·10** 7·8·5 項「特化型人工知能と汎用型人工知能」参照.

8 章 ビッグデータ

問題**8·1** それぞれ，以下のサイトから調査可能である.

https://www.data.go.jp/

https://www.data.gov/

問題**8·2** Apache License，BSD License，MIT License，GPL など，さまざまなライセンスが存在する.

https://opensource.org/

上記から，ライセンスに関するさまざまな情報を得ることができる.

問題**8·3** いろいろな解釈があるが，深層学習の場合は，得られたデータをそのまま説明変数へ入力すればよいが，回帰分析の場合には，多重共線性のような問題を想定しておく必要がある.

問題**8·4** 解答のための補足として，以下に，各手法の特徴を示す.

回帰分析：過去のデータに基づき回帰直線を描くことで，未知な入力に対して予測することができる.

判別分析：どのグループに入るのかを判別するための基準（判別関数）を得ることで，データを分類できる.

因子分析：共通する因子を見つけ出すことで，潜在的な変数を探り出すことができる.

問題**8·5** I 類：回帰分析，II 類：判別分析，III 類：主成分分析

詳細については，8·6 節を参照されたい.

9章　マネジメント

問題 **9·1**　9·1·1 節「プロジェクトとマネジメント」参照.

問題 **9·2**　9·1·1 節「プロジェクトとマネジメント」参照.

問題 **9·3**　9·1·3 節「プロジェクトマネージャ」参照.

問題 **9·4**　9·1·4 節「プロジェクトマネジメントのプロセス」参照.

問題 **9·5**　9·1·4 節「プロジェクトマネジメントのプロセス」参照.

問題 **9·6**　9·2·1 節「企業理念と社会的責任」参照.

問題 **9·7**　9·2·2 節「企業の発展と行動」参照.

問題 **9·8**　9·2·2 節「企業の発展と行動」参照.

問題 **9·9**　9·2·2 節「企業の発展と行動」参照.

問題 **9·10**　9·2·3 節「ガバナンスと事業継続計画」参照.

問題 **9·11**　9·2·3 節「ガバナンスと事業継続計画」参照.

問題 **9·12**　9·2·3 節「ガバナンスと事業継続計画」参照.

問題 **9·13**　9·3·1 節「SWOT 分析による経営戦略」参照.

問題 **9·14**　9·3·2 節「コーポレートアイデンティティ」参照.

問題 **9·15**　9·3·2 節「コーポレートアイデンティティ」参照.

問題 **9·16**　9·3·2 節「コーポレートアイデンティティ」参照.

問題 **9·17**　9·3·2 節「コーポレートアイデンティティ」参照.

問題 **9·18**　9·3·2 節「コーポレートアイデンティティ」参照.

問題 **9·19**　9·4·2 節「マネジメントシステムの考え方」参照.

問題 **9·20**　9·4·2 節「マネジメントシステムの考え方」参照.

問題 **9·21**　9·4·2 節「マネジメントシステムの考え方」参照.

問題 **9·22**　9·4·2 節「マネジメントシステムの考え方」参照.

問題 **9·23**　9·4·4 節「サプライチェーン・マネジメント」参照.

問題 **9·24**　9·4·5 節「キャッシュフローマネジメントと財務 3 表」参照.

問題 **9·25**　9·4·5 節「キャッシュフローマネジメントと財務 3 表」参照.

問題 **9·26**　9·5·4 節「モバイル機器に関する情報セキュリティ管理策」参照.

索引

［数字］

1次元信号（1 dimensional signal） **35**
1の補数（1's complement） **39**
2進数（binary number） **36**
2次元パリティ検査（2 dimensional parity check） **49**
2値画像（binary image） **133**
2の補数（2's complement） **39**
3DCG（3-Dimensional Computer Graphics） **26**
3Dプリンタ（3-Dimensional printer） **26**
3次元コンピュータグラフィックス **26**
3次元プリンタ **26**

［英字］

A. M. Turing **5**
A-D変換（A-D conversion） **35**
AdaBoost **135**
AGI（Artificial General Intelligence） **175**
AI（Artificial Intelligence） **31, 149**
AIアシスタント（Artificial Intelligence assistant） **19**
Altair 8800 **12**
Apple II **12**
APS（Advanced Planning and Scheduling） **224**

ASA（American Standards Association） **41**
ASCII（American Standard Code for Information Interchange） **41**

B/S（Balance Sheet） **228**
BASIC（Beginners' All -purpose Symbolic Instruction Code） **12**
BCD（Binary-Coded Decimal） **42**
BCP（Business Continuity Plan） **215**
BDドライブ（Blu-ray Disc drive） **24**
BSDライセンス **187**

C/F（Cash Flow statement） **227**
CB **218**
CD-Rドライブ（Compact Disc-Rom drive） **24**
CI（Corporate Identity） **218**
CPU（Central Processing Unit） **11, 21, 81**
CRS（Corporate Social Responsibility） **213**
CT（Computerized Tomography） **144**
CUI（Character User Interface） **17**

D-A変換（D-A conversion） **35**

DIMM（Dual In-line Memory Module） **22**
DRAM（Dynamic RAM） **22, 80**
DVD-audio **24**
DVD-Rドライブ（Digital Versatile Disc-Rom drive） **24**
DVD-R（DVD-recordable） **24**
DVD-Video **24**

EBCDIC（Extended Binary Coded Decimal Interchange Code） **42**
EBCDIK（Extended Binary Coded Decimal Interchange Kana Code） **42**
EDVAC（Electronic Discrete Variable Automatic Computer） **4**
EEPROM（Electrically EPROM） **82**
e-Japan戦略 **28**
ENIAC（Electronic Numerical Integrator and Computer） **3**
EPROM（Erasable PROM） **81**

FACOM 100 **6**
FDD（Floppy Disk Drive） **23**
FET（Field Effect Transistor） **68**
FIFO（First In First Out） **50**

FONTAC（Fujitsu Oki Nippondenki Triple Allied Computer） *11*

GPL（GNU General Public License） *187*
GUI（Graphical User Interface） *17*

Haar-like 特徴（Haar-like feature） *141*
HDD（Hard Disk Drive） *23*

I-O モデル *221*
IBM PC *14*
ICT（Information and Communication Technology） *27*
ICT 革命（Information and Communication Technology revolution） *27*
IEEE（The Institute of Electrical and Electronics Engineers） *44*
IoT（Internet of Things） *30*, *103*, *111*
IPO モデル *108*
IR（Investor Relations） *216*
ISMS（Information Security Management System） *122*
ISMS ファミリ規格 *123*
ISO 9001 品質マネジメント システム *219*
ISO（International Organization for Standardization） *43*, *219*
IT *27*
IT ガバナンス（Corporate Governance of IT） *215*
IT 基本法 *27*
IT 機器などのグリーン化 *215*
IT 機器によるグリーン化 *215*

JIS（Japanese Industrial Standard） *41*, *42*
JIT（Just In Time） *225*

JK 型フリップフロップ（JK type flip-flop） *78*
Just In Time *225*

KB（Knowledge base） *149*

LGPL（GNU Lesser General Public License） *187*
LIFO（Last In First Out） *50*
Linux *17*
LSI（Large-Scale Integrated circuit） *10*

M&A *218*
Macintosh *16*
microSD カード *25*
miniSD カード *25*
ML（Machine Learning） *150*
MO（Magneto Optical disk） *23*
MOS 電界効果トランジスタ（MOS FET） *68*
MRI（Magnetic Resonance Imaging） *144*
MS-DOS（Microsoft Disk Operating System） *15*
MySQL *114*

NaN（not-a-number） *46*
NAND 型フラッシュメモリ *82*
NN（Neural Network） *150*
NOR 型フラッシュメモリ *82*
N 型チャネル MOSFET（NMOSFET） *69*
N 型半導体（negative semiconductor） *67*

OCR（Optical Character Reader, Optical Character Recognition） *25*, *133*
OECD 8 原則 *186*
OMR（Optical Mark Reader） *25*
OS（Operating system） *83*

OTPROM（One Time Programmable ROM） *81*

P/L（Profit and Loss statement） *227*
PC *10*
PC-8001 *14*
PC-9800 *15*
PC/AT 互換機 *15*
PDCA サイクル *221*
PostgreSQL *113*
PROM（Programmable ROM） *81*
P 型チャネル MOSFET（PMOSFET） *69*
P 型半導体（positive semiconductor） *67*

RAM（Random Access Memory） *13*, *22*, *80*
RDB *112*
RDBMS（Relational Database Management System） *113*
RDRAM *23*
RFID（Radio Frequency IDentification） *31*
RIMM（Rambus In-line Memory Module） *22*
ROM（Read Only Memory） *13*, *22*, *80*
RS 型フリップフロップ（RS type flip-flop） *76*

SC（Social Responsibility） *213*
SCM *224*
SD カード *25*
SE（Expert System） *150*
SIMM（Single In-line Memory Module） *22*
Society 5.0 *32*
SQL（Structured Query Language） *113*
SRAM（Static RAM） *22*, *81*
SSD（Solid State Drive） *24*

Storage 11
Storage device 11
SVM（Support Vector Machine） 136
SWOT 分析 216

UI（User Interface） 16
u-Japan 政策 28
UML（Unified Modeling Language） 89
Unicode 43
UNIVAC I（Universal Automatic Computer 1） 5
UNIX 17
USB メモリ（Universal Serial Bus Memory） 25
UV-EPROM（Ultra-Violet EPROM） 81

xICT 28
xICT ビジョン 28

[あ]

アイコン（Icon） 16
アクティビティ図 91
圧縮（compression） 47
圧縮率（compression rate） 47
アナログ（analog） 35
アプリ 9, 83
アプリケーション 83
アプリケーションソフトウェア 9, 102
誤り検出（error detection） 49
誤り訂正（error correction） 49
アルゴリズム（Algorithm） 3, 87, 157
アンサンブル学習（ensemble learning） 134
アンブレラ・ブランド 219
一般管理費 228

イメージスキャナ（image scanner） 25, 133
陰極（cathode） 66

因子分析 202
インターネット（Internet） 27
インタフェース（Interface） 13
インタプリタ（Interpreter） 12
インベスターリレーションズ（Investor Relations） 216

ウェアラブルコンピュータ（Wearable computer） 19
ウェブサイトデータ 179
売上原価 227
売上高 227
運動視差（motion parallax） 144

営業 C/F 227
営業外収益 227, 228
営業外費用 228
営業利益 228
英日翻訳専用機 6
エキスパートシステム（Expert System） 150, 169
枝（branch） 129
エッジ（edge） 137
エニグマ暗号機（Enigma machine） 5
遠隔勤務 232
エンキュー（enqueue） 50
演算子 115
エンティティ 123
エントロピー（entropy） 46
エントロピー符号化（entropy coding） 47

オイラー図（Euler diagram） 62
応用ソフトウェア（Application software） 9, 83
オープンソース 113
オープンソースソフトウェア（open source software） 113
オフィスデータ 181
オペレーションデータ 180
オペレーティングシステム 9

親ノード（parent node） 129
音声応答装置 26
音声入力装置 25
音声認識（speech recognition） 132
音素（phoneme） 132

[か]

回帰分析 200
解釈実行する（interpret） 12
改善（Act） 221
改善（Improvement） 223
改善型戦略 217
外部記憶装置（External storage） 23
外部データバス 14
可逆圧縮（lossless compression） 48
過検出率（over detection rate） 141
可視光（visible light） 143
カスケード結合（cascade connection） 141
カスタマーデータ 182
画素（pixel） 48, 133
画像解析（image analysis） 137
仮想記憶管理 85, 86
画像認識（image recognition） 137, 150
合併（Mergers） 218
ガバナンス 215
株主資本 229
加法性（additivity） 46
可用性（Availability） 119, 123
関係データベース 112
完全性（Integrity） 119, 123
完全二分木（perfect binary tree or complete binary tree） 131
簡単化（simplification） 73
管理策（Control） 125
管理プロセス 210

木（tree）*47*
キーボード（Key board）*25*
記憶（memory）*76*
記憶管理 *85*
記憶装置（Storage, Storage device, Storage unit）*11, 22*
機会（Opportunity）*216*
機械化 *3*
機械学習（machine learning）*134, 150, 170*
機械言語 *12*
機械語（Machine language）*12*
企業の社会的責任（Corporate Social Responsibility）*213*
企業ブラン *218*
企業理念 *212, 213*
木構造（tree structure）*112, 129*
技術的特異点（Technological singularity）*176*
基数（cardinal number）*36*
奇数パリティ（odd parity）*49*
揮発性（Volatile, volatility）*22, 80*
基本ソフトウェア（OS：Operating system）*9, 83*
基本理念 *213*
機密性（Confidentiality）*119, 123*
逆数（inverse number）*38*
逆ポーランド記法（reverse Polish notation）*51*
キャッシュフロー（Cash flow）*226*
キャッシュフローマネジメント（Cash Flow Management）*226*
キャッシュフロー計算書（Cash Flow statement）*227*
キャッシュメモリ（cache memory）*81*
キャラクター・ユーザインターフェイス（Character User Interface）*17*

キュー（queue）*50*
行（Row）*113*
脅威（Threat）*124, 217*
領域（region）*137*
強識別器（strong classifier）*134*
兄弟ノード（sibling node）*130*
偶数パリティ（even parity）*49*
国等による環境物品等の調達の推進等に関する法律 *214*
組込みシステム（enbedded system）*109, 110*
クラウド（Cloud）*30*
クラウドコンピューティング（Cloud computing）*30, 111*
クラス図 *91*
クラッカー（cracker）*104*
グラフィカル・ユーザインターフェイス（Graphical User Interface）*17*
グリーンIT *214*
グリーン購入 *214*
グリーン購入法 *214*
グリッド（grid）*67*
繰延資産 *229*
クロード・シャノン（Claude Elwood Shannon）*46*
経営理念 *213*
計画（Plan）*221*
計画プロセス *209*
計算器（Calculator）*2*
計算機アーキテクチャ（Computer architecture）*8*
形状認識（shape recognition）*137*
経常利益 *228*
継続的改善 *223*
継電器（relay）*67*
桁あふれ（overflow）*46*
結線（connection line）*71*
決定木（decision tree）*131*
原価 *227*

光学式マーク読取装置 *25*
光学式文字読取装置 *25*
光学ドライブ（Optical Disc Drive）*24*
光学文字認識（Optical Character Recognition）*133*
攻撃（Attack）*124*
高水準言語 *12*
後置記法（postfix notation）*51*
行動理念 *213*
高度情報通信ネットワーク社会形成基本法 *27*
光波測距離（lightwave distance）*143*
コーポレートアイデンティティ（Corporate Identity）*218*
コーポレートガバナンス（Corporate Governance）*215*
コーポレートブランド（Corporate Brand）*218*
五極真空管（pentode）*67*
国際行動規範（International Norms of Behavior）*214*
国際標準化機構（International Organization for Standardization）*43*
誤差逆伝播法 *157*
個人情報 *117, 185*
個人認証（personal authentication）*133*
固定資産 *229*
固定小数点数（fixed point）*43*
固定負債 *229*
誤認識（misrecognition）*133*
子ノード（child node）*130*
コヒーレンシ（coherency）*81*
コミュニケーションおよび協議（Communication and consultation）*126*
コンパイル（compile）*12*
コンパクトフラッシュ（CompactFlash, CF）*25*

コンピテンシー
（Competency） *207*
コンピュータ（Computer） *2*
コンピュータアーキテクチャ
（Computer architecture） *8*

［さ］

サードパーティ *15*
サーバ *104*
最小二乗法 *200*
在宅勤務 *232*
財務C/F *227*
財務3表 *227*
雑音（noise） *49, 132*
サプライチェーン *224*
サプライチェーンマネジ
メント（Supply Chain
Management） *224*
左閉右開区間 *47*
差別化 *217*
差別化戦略 *217*
サポートベクターマシン
（Support Vector Machine）
136
三角測量（triangulation） *144*
三極真空管（triode） *67*
算術符号（arithmetic code） *47*
算法 *3*
残留リスク（Residual risk）
124

シーケンス図 *90*
支援と運用（Do） *221*
視覚言語（visual language）
137
磁気センサ（magnetic
sensor） *143*
事業継続計画（Business
Continuity Plan） *215*
事業ブランド *219*
時空間画像（spatio-temporal
image） *144*
自己資本 *229*
資産 *228*
システム *107*

システムソフトウェア
（System software） *9, 83*
持続可能な発展（Sustainable
Development） *214*
実記憶管理 *85*
実行責任（Responsibility） *208*
実行プロセス *209*
自動学習（Automatic
Learning） *150*
磁場発生装置（magnetic field
generation device） *142*
四分木（quad tree） *131*
社会的責任（Social
Responsibility） *213*
弱識別器（weak classifier）
134
収益 *227*
重回帰分析 *200*
終結プロセス *210*
集合（set） *62*
周波数成分（frequency
component） *132*
純利益 *228*
主記憶（main memory） *81*
主記憶装置（Main storage） *22*
出力 *108*
出力装置（Output unit） *26*
手話（sign language） *137*
純資産 *228, 229*
情報（Information） *2*
情報化（Computerization） *3*
情報技術（Information
Technology） *27*
情報資産 *117*
情報処理（Information
processing） *3*
情報セキュリティ
（Information Security）
119, 124
情報セキュリティインシデン
ト（Information Security
Incident） *124*
情報セキュリティインシデ
ント管理（Information
Security Incident
Management） *124*

情報セキュリティ管理策 *230*
情報セキュリティ事象
（Information Security
Event） *124*
情報セキュリティの主な脅威
122
情報通信技術 *27*
情報量（information content）
46
情報理論（information
theory） *46*
剰余数（residue number） *40*
ジョージ・ブール（George
Boole） *61*
ジョブ（job） *85*
処理 *108*
処理機構（Processor） *11*
処理装置（Processor,
Processing unit） *21*
ジョン・ベン（John Venn） *62*
シンギュラリティ
（Technological
singularity） *176*
真空管（vacuum tube） *66*
神経細胞網（Neural
Network） *150*
人工知能（Artificial
Intelligence） *31, 149*
深層学習（Deep Learning）
151
真理値表（truth table） *62*

スイッチング素子（switching
element） *66*
推論（Reasoning） *149*
推論（Inference） *149, 169*
スーパーコンピュータ
（Supercomputer） *10, 11*
数量化理論 *200*
図形入力装置 *25*
図像 *16*
スタック（stack） *50*
ステークホルダー
（Stakeholder） *206*
ステレオカメラ（stereo
camera） *144*

スマート ICT　*30*
スマートウォッチ
　（Smartwatch）　*19*
スマート革命　*29*
スリット光（slit light）　*144*

正規化（normalization）　*132*
正規化数（normalized
　number）　*45*
正規表現（regular
　expression）　*55*
制御文字（control character）
　41
正孔（positive hole）　*67*
ぜい弱性（Vulnerability）　*124*
正数（positive number）　*38*
税引前純利益　*228*
製品ブランド　*219*
赤外線（infrared ray）　*143*
赤外線レーザ（infrared laser）
　143
絶縁体（nonconductor）　*67*
積極的な戦略　*217*
節点（node）　*129*
説明責任（Accountability）
　208
説明変数　*153*
全加算器（full adder）　*75*
線形分離（linear separation）
　136
センサデータ　*180*
選択ソート　*93*, *100*
前置記法（prefix notation）　*51*
全二分木（full binary tree）
　130

走査（scan）　*143*
双対性（duality）　*64*
挿入ソート　*93*
増幅器（amplifier）　*65*
ソーシャルメディアデータ
　179
ソーティングアルゴリズム
　92
属性（attribute）　*137*
組織の状況　*220*

ソフトウェア（Software）
　9, *83*
損益計算書（Profit and Loss
　statement）　*227*

［た］

第 1 次 AI ブーム　*169*
第 2 次 AI ブーム　*169*
第 3 次 AI ブーム　*170*
ダイオード（diode）　*66*
貸借対照表（Balance Sheet）
　228
大規模集積回路（LSI）　*10*
体積画像（volumatric image）
　144
タイミングチャート（Timing
　Chart）　*77*
多重プログラミング　*17*
タスク（task）　*85*
畳み込みニューラルネット
　ワーク　*158*
立ち上げプロセス　*209*
タッチパネル　*25*
タブレット　*19*
タブレット PC（Tablet PC）
　19
タブレット端末　*19*
単回帰分析　*200*
探索　*169*

知識（Knowledge）　*149*
知識工学（Knowledge
　Engineering）　*150*
知識データベースシステム
　150
知識ベース（Knowledge
　base）　*149*
中央処理装置（Central
　Processing Unit）　*11*, *21*
中置記法（infix notation）　*51*
チューリング機械（Turing
　machine）　*5*
直列接続（series　*141*
著作者財産権　*186*
著作者人格権　*186*

著作隣接権　*186*

通信管理　*86*
強み（Strength）　*216*

ディープコンボリューショナ
　ルニューラルネットワー
　ク（Deep Convolutional
　Neural Network）　*158*
ディープフィードフォワー
　ドニューラルネットワー
　ク（Deep FeedForward
　Neural Network）　*157*
ディープラーニング（deep
　learning）　*136*, *151*, *154*,
　170
ディープリカレントニュー
　ラルネットワーク
　（Deep Recurrent Neural
　Network）　*158*
ディジタイザ（digitizer）　*142*
ディジタル（digital）　*35*
ディジタル画像（digital
　image）　*133*
ディスプレイ（Display）　*26*
データ（Data）　*2*
データ型　*115*
データベース（Database）　*111*
データマイニング（Data
　mining）　*151*
データ処理（Data
　processing）　*3*
適応的（adaptive）　*135*
デキュー（dequeue）　*50*
デジタル・デバイド（Digital
　divide）　*28*
デジタルアシスタント
　（Digital assistant）　*19*
デジタルカメラ　*25*
デジタル計算機（Digital
　computer）　*2*
デバッグ（Debug）　*83*
テレワーキング
　（Teleworking）　*232*
電界効果トランジスタ（Field
　Effect Transistor）　*68*

電子（electron）*67*
電磁波（electromagnetic wave）*143*
テンプレート（template）*133*
テンプレートマッチング （template matching）*133*

投資 C/F *227*
導体（conductor）*67*
透明性（Transparency）*213*
特徴抽出（feature extracton）*137*
特徴ベクトル（feature vector）*132*
特別損失 *228*
特別利益 *228*
特化型人工知能 *175*
トラッカー（tracker）*142*
トランジスタ（transistor）*66*

[な]

内部記憶装置（Internal storage）*22*

二極真空管（diode）*66*
二分木（binary tree）*130*
日本語ワードプロセッサ *14*
入出力管理 *86*
ニューラルネットワーク （neural network）*136, 150, 152*
入力 *108*
入力装置（Input unit）*25*

根（root）*129*

ノイズ除去（noise reduction）*132*
ノイマン型コンピュータ （Neumann Computer）*4*
ノード（node）*129*

[は]

葉（leaf）*130*

パーソナルコンピュータ （Personal computer）*10*
ハードウェア（Hardware）*8*
買収（Acquisitions）*218*
排他的論理和（eXclusive OR）*65*
バイポーラトランジスタ （bipolar transistor）*67*
バギング（bagging）*134*
パソコン *10*
パターン（Pattern）*132*
パターン認識（pattern recognition）*132*
パターン認識（Pattern Recognition）*150*
八分木（cctree）*131*
ハッカー（hacker）*104*
幅優先探索（breadth-first search）*130*
パフォーマンス （performance）*210, 223*
パフォーマンス評価（Check）*221*
ハフマン木（Huffman tree）*47*
ハフマン符号（Huffman code）*47*
バブルソート *93, 101*
パラメトロン計算機 *6*
パリティ検査（parity check）*49*
パリティビット（parity bit）*49*
半開区間（half-open interval）*47*
半加算器（half adder）*75*
半導体（semiconductor）*66*
半導体ダイオード （semiconductor diode）*66*
販売費 *228*
判別分析 *202*
汎用型人工知能 *175*
汎用コンピュータ *109*
非可逆圧縮（lossy compression）*48*
ピクトグラム（Pictogram）*16*

非数（not-a-number）*46*
非正規化数（denormalized number）*46*
ビッグデータ（Big data）*30, 111, 151, 170, 183*
ビット（Bit：Binary digit）*7, 36*
標本化（sampling）*36*
標本化定理（sampling theorem）*36*
品質マネジメントの原則 *222*

ファクシミリ（FAX： facsimile）*48*
ファミリーブランド *219*
フィールド（Field）*113*
フィラメント（filament）*66*
ブースティング（boosting）*134, 135*
ブートストラップ・アグリ ゲーティング（bootstrap aggregating）*134*
ブール代数（boolean algebra）*62*
ブール論理（boolean logic）*61*
フォトマスク（photomask）*81*
深さ優先探索（depth-first search）*130*
不揮発性（Nonvolatile）*23*
復号（decoding）*47*
複式簿記 *228*
符号（code）*41*
符号付き（signed）*39*
符号なし（unsigned）*39*
負債 *228*
負数（negative number）*38*
プッシュ（push）*50*
物体抽出（object extraction）*137*
フラッシュ EEPROM（flash EEPROM）*82*
フラッシュ ROM（flash ROM）*82*
フラッシュメモリ（flash memory）*82*

ブランドアンブレラ戦略
（Brand Umbrella
Strategy） *219*
プリンタ（Printer） *26*
プレート（plate） *66*
フローチャート *88*
プログラミング
（Programming） *3*
プログラミング言語 *93*
プログラム（Program：
Computer program） *3*
プロジェクト（Project） *205*
プロジェクト統合マネジメ
ント（Project Integration
Management） *210*
プロジェクトフェーズ
（Project Phase） *209*
プロジェクトマネージャ
（Project Manager） *208*
プロジェクトマネジメント
（Project Management） *207*
プロジェクトライフサイクル
（Project life cycle） *206*
プロセス管理 *86*
プロセッサ *11*

閉曲線（closed curve） *64*
平均顔（average face） *133*
平均情報量（average
information content） *46*
平均符号長（average code
length） *47*
並列接続（parallel
connection） *141*
ベン図（Venn diagram） *62*

防御的戦略 *218*
ポーランド記法（Polish
notation） *51*
補助記憶装置（Auxiliary
storage） *22*
補数（complementary
number） *38*
ポスグレ *113*
ポップ（pop） *50*

ポテンショメータ
（potentiometer） *142*
ボトルネック *226*

[ま]

マージソート *93*, *101*
マージン最大化（margin
maximization） *136*
マイクロコンピュータ
（Microcomputer） *10*
マイクロプロセッサ（micro
processar） *10*
マウス（Mouse） *16*, *25*
前処理（pre-processing）
132, *137*
マスク ROM（mask ROM） *81*
マスターブランド *219*
マスターブランド戦略 *219*
マネジメントシステム *220*
マネジメントシステムの成果
221
マルチタスク（Multi-
tasking） *17*
マルチブランド戦略（Multi-
brand Strategy） *219*
マルチプロセス（Multi-
process） *17*
マルチプログラミング（Multi
-programming） *17*
マルチメディアデータ *179*
マルチモーダル認識 *171*
マルチユーザ（Multi-user）
17
未検出率（undetected rate）
141

ミドルウェア（Middleware） *9*
ミニコンピュータ
（Minicomputer） *10*

ムーアの法則（Moore's law）
20

命題（proposition） *61*

命題論理（propositional
logic） *61*
メインフレーム（Mainframe）
9
メインメモリ（Main
memory） *22*
メモリ（Memory） *11*
メモリーカード（Memory
Card） *25*
メモリースティック
（Memory Stick） *25*

モーションキャプチャ
（motion capture） *142*
目的（Objective） *124*
目的変数 *153*
文字（Character） *7*
モノのインターネット *30*

[や]

ユーザインターフェイス
（User Interface） *16*
ユースケース図 *90*
ユニコード（Unicode） *43*
ユニポーラトランジスタ
（unipolar transistor） *68*
ユビキタスコンピューティン
グ（Ubiquitous computing）
18
指文字（fingerspelling） *137*

陽極（anode） *66*
弱み（Weakness） *216*
四極真空管（tetrode） *67*

[ら]

ライトスルー方式（write-
through algorithm） *81*
ライトバック方式（write-
back algorithm） *81*
ライトペン *25*
ラップトップコンピュータ
（Laptop computer） *10*

ランレングス符号化（run-
length coding）**48**
ランダムフォレスト（random
forest）**134**

リーダーシップ **221**
利害関係者（Interested
party）**206**
力量 **207**
リスク（Risk）**124**
リスクアセスメント（Risk
assessment）**125**
リスク基準（Risk criteria）
125
リスク受容（Risk
acceptance）**125**
リスク対応（Risk treatment）
125
リスク特定（Risk
identification）**125**
リスク評価（Risk evaluation）
125
リスクファイナンシング
（Risk financing）**126**
リスク分析（Risk analysis）
125
リスクマトリックス（Risk
matrix）**124**
リスクマネジメント（Risk
management）**125**
リスクマネジメント計画
（Risk management plan）
126
リスクマネジメントの枠
組み（Risk management
framework）**126**
リスクマネジメント方針
（Risk management policy）
126
リスクレベル（Level of risk）
124
リアルタイム性 **110**
リフレッシュ（refresh）**81**
リモートワーク（Remote
work）**232**
流動負債 **229**

流動資産 **229**
領域分割（segmentation）**137**
量子化（quantization）**36**
量子化誤差（quantization
error）**36**
量子コンピュータ（Quantum
computer）**20**
リレー（relay）**66**
リレーショナルデータベース
（Relational database）**112**
リレーショナルデータベース
管理システム（Relational
Database Management
System）**113**
輪郭 **137**
倫理的な行動（Ethical
Behavior）**213**

レーザスキャナ（laser
scanner）**143**
レオンハルト・オイラー
（Leonhard Euler）**62**
レコード（Record）**113**
列（Column）**113**
レンジファインダ（range
finder）**143**

ログデータ **181**
論理演算（logical operation）
62
論理関数(logical function) **64**
論理ゲート（logic gate）**65**
論理式（logical formula）**64**
論理積（AND）**62**
論理素子（logic element）**65**
論理代数(algebra of logic) **62**
論理否定（NOT）**62**
論理和（OR）**62**

［わ］

ワードプロセッサ **14**
ワイルドカード（wild card）
56

＜著者略歴＞

向井 信彦 （むかい のぶひこ）

1983 年　大阪大学基礎工学部機械工学科卒業
1985 年　大阪大学基礎工学研究科物理系専攻博士
　　　　　前期課程修了
1985 年　三菱電機（株）情報技術総合研究所入社
1997 年　コーネル大学工学研究科コンピュータサ
　　　　　イエンス修士課程修了
2001 年　大阪大学基礎工学研究科システム人間系
　　　　　専攻博士後期課程修了　博士（工学）
2002 年　武蔵工業大学工学部助教授
2007 年　武蔵工業大学知識工学部教授
現　在　東京都市大学知識工学部情報科学科教授

田村 慶信 （たむら よしのぶ）

1998 年　鳥取大学工学部卒業
2003 年　鳥取大学大学院工学研究科社会開発工学
　　　　　専攻修了　博士（工学）
2008 年　広島工業大学情報学部准教授
2009 年　山口大学大学院理工学研究科准教授
現　在　東京都市大学知識工学部教授

細野 泰彦 （ほその やすひこ）

1976 年　武蔵工業大学工学部卒業
1982 年　大阪府立大学大学院工学研究科経営工学
　　　　　専攻修了　工学博士
1992 年　武蔵工業大学工学部助教授
2009 年　東京都市大学知識工学部准教授
現　在　東京都市大学知識工学部非常勤講師

コンピュータ概論 — 未来をひらく情報技術

2020 年 3 月 25 日　第 1 版第 1 刷発行

著　　者	向井信彦・田村慶信・細野泰彦	
発 行 者	村 上 和 夫	
発 行 所	株式会社 オーム社	
	郵便番号　101-8460	
	東京都千代田区神田錦町 3-1	
	電話　03(3233)0641(代表)	
	URL　https://www.ohmsha.co.jp/	

© 向井信彦・田村慶信・細野泰彦 2020

印刷・製本　平河工業社
ISBN978-4-274-22458-4　Printed in Japan

2020 年版 基本情報技術者標準教科書

大滝みや子 編、大滝・坂部・早川 共著　　　　**A5** 判　並製　**504** 頁　本体 **1900** 円【税別】

本書は年度版として、毎年、学校・企業等で安心して採用できる正統派テキストとして好評を得ている、基本情報技術者のための受験テキストです。基本情報技術者試験に合格するためには何が必要かを徹底的に追求し、編集、また、受験生の方々が一歩一歩自信をつけながら確実に学習を進められるよう構成しています。

図解 コンピュータ概論 ［ハードウェア］（改訂 **4** 版）

橋本・松永・小林・天野・中後 共著　　　　**A5** 判　並製　**274** 頁　本体 **2500** 円【税別】

2010 年に発行され、多くの大学で好評を博してきた教科書の改訂 4 版です。前版の内容の範囲・程度、解説の観点などを引き継ぎつつ、スマートフォンの登場、記憶装置やコンピュータの性能の進展を中心として内容を一部刷新。2 色刷で見やすく、わかりやすく解説しています。情報・電気・電子系学科の大学学部 1、2 年生文系学科の一般情報教育用テキストとして最適です。

図解 コンピュータ概論 ［ソフトウェア・通信ネットワーク］（改訂 **4** 版）

橋本・冨永・松永・菊池・横田 共著　　　　**A5** 判　並製　**280** 頁　本体 **2500** 円【税別】

2010 年に発行され、多くの大学で好評を博してきた教科書の改訂 4 版です。前版の内容の範囲・程度、解説の観点などを引き継ぎつつ、スマートフォンの登場、ネットワーク仮想化、ますます重要性の増すセキュリティを中心として内容を一部刷新。2 色刷で見やすく、わかりやすく解説しています。情報・電気・電子系学科の大学学部 1、2 年生文系学科の一般情報教育用テキストとして最適です。

量子コンピュータが変える未来

寺部雅能・大関真之 共著　　　　四六判　並製　**346** 頁　本体 **1600** 円【税別】

量子コンピュータって何だろう？世の中で何が起ころうとしているんだろう？本書では大学で基礎研究を進める視点と、企業で量子コンピュータを導入・利用することについて考える視点の両者から、量子コンピュータで見ることができる人類共通の夢を語ります。量子コンピュータの時代はもう目の前。この本で、今日からあなたの行動が変わるかもしれません！

わかりやすい 品質管理（第 **4** 版）

稲本稔・細野泰彦 共著　　　　**A5** 判　並製　**256** 頁　本体 **2200** 円【税別】

品質管理は、経営・技術・組織上の広い視野から、新しい物の考え方に立って「工業生産に目標を与える」使命を担うもので、産業界のあらゆる分野でその知識が必要とされています。本書は経営者、技術系の人はもちろん、学生、事務系の人など、すべての人を対象に、読み手に数学や統計学の予備知識がないものとして、できるだけ平易に、かつ実用上役立つ構成にまとめたものです。